기적을 만든 나라의 과학자

대한민국 1세대 과학자 정근모 박사가 전하는
과학기술입국의 생생한 역사

기적을
만든나라의
과학자

정근모 지음

KOREA.COM

'한국 과학기술계의 다빈치'로 존경하며

존경하는 정근모 장관님의 칼럼 〈남기고 싶은 이야기〉가 2018년도 중앙일보에 연재되었습니다. 일반 대중은 쉽게 접할 수 없는 과학계 저변의 이야기들을 과학계 원로의 눈으로 너무나 재미있고 진솔하게 말씀해 주셨습니다. 평소에 궁금했던 우리나라 과학기술 분야의 흥미진진한 역사와 뒷이야기들이 상세히 게재되는 것을 보면서, 독자로서 다음번에는 어떤 이야기가 나올까 궁금했던 기억이 납니다. 애독자로서 〈남기고 싶은 이야기〉가 책자로 출판된다는 소식을 듣고 대단히 반가웠습니다.

정근모 장관님은 다양한 경력을 축적하시어 '장관님'으로 호칭을 해야 될지 '총장님'으로 해야 될지, 또 '교수님'이나 '박사님'으로 해야 될지 모를 정도로 우리 대한민국 현대 과학기술 분야에서 큰 발자취를 남기셨습니다.

'천재 소년'이라는 별명이 늘 따라다녔던 정근모 장관님은 20대 초에 박사학위를 취득하고, 미국에서 큰 활약을 하다가 조국의 부름을 받고 귀국하여 KAIST 설립에 산파 역할을 하였으며, 과학기술부 장관을 두 번씩 역임한 유일한 분으로서 대한민국 과학기술 발전에 큰 역할을 하셨습니다. 우수연구센터(SRC/ERC)를 아주 어려운 상황에서 성공시켜 집단 지성 개념을 처음으로 도입하고, 고등과학원 설립에도 큰 역할을 하였으며, 동시에 원자력 발전에도 핵심적인 역할을 한 대한민국 과학기술 분야의 가장 존경받는 어른이십니다.

또한 제가 봉직하는 한국과학기술한림원 설립에도 큰 역할을 하였으며, 한림원 회관 건물 준공에도 많은 도움을 주셨습니다. 미국한림원(NASEM)에 한국인으로서는 처음 선출되신 분으로, 학술적으로도 세계적으로 우뚝 서신 분입니다.

저는 정근모 장관님을 '한국 과학기술계의 다빈치'로 존경하고 있는데, 이런 좋은 책자가 발간된 것은 우리의 기쁨입니다. 다시 한 번 축하드리며, 이 책이 청소년들에게도 과학기술자의 꿈을 이룰 수 있는 좋은 지침서가 될 것이라고 확신합니다.

한민구_한국과학기술한림원 원장

과학기술계의 대표적인 VIP 리더십

반세기 전, 세계 최빈국이던 대한민국이 오늘날 세계가 주목하는 국가로 발전한 데에는 여러 동인(動因)이 있었습니다. 그중 가장 중요한 동인은 과학, 경제, 정치 등 각 분야에서 비전(Vision)과 혁신(Innovation)과 열정(Passion)을 겸비한 'VIP' 리더들이 있었기 때문이라고 생각합니다.

정근모 박사님은 누구나 인정하는 과학기술계의 대표적 VIP 리더입니다. 그의 머릿속에는 국가와 과학기술 발전을 위해 남들보다 2, 30년을 앞서 보는 비전과 혁신적 아이디어가 가득차 있습니다. 이에 더해 그는 이를 열정적으로 추진하여 실현시키는 탁월한 능력을 가졌습니다. 그 대표적 예가 반세기 전 KAIST 설립입니다. 우리나라가 산업 국가로 발전하여 가난을 벗어나기 위해서는 우수 과학 인력 양성이 무엇보다 중요함을 절감한 그는, 한국에 이공계 대학원 설립을 미국국제개발처(USAID)에 제안하여 600만 불의 차관을 얻은 후 한국 정부를 설득하여 KAIST 설립의 산파 역할을 하였습니다. 그 당시 그의 나이는 불과 30세 전후였다는 사실에 감탄하게 됩니다. KAIST는 50년 전 '설립타당성 보고서'에서 꿈꾸었던 세계적 대학으로 도약했고, GIST, DGIST, UNIST, JAIST, HKUST, Kenya KAIST 등 국내외 대학의 롤모델이 되고 있습니다.

정 박사님의 VIP 리더십은 두 번의 과학기술처 장관, 한국과학재단 이사장, 한국과학기술한림원 원장 등을 역임하면서 실로 우리나라 과학기술 발전에 전방위적으로 영향을 미쳤습니다. 원자력의 불모지였던 우리나라의 원자력 기술을 세계적 수준으로 발전시켜 세계적으로 손꼽는 원전 수출국가 반열에 올려놓았고, 기초이론연구소인 고등과학원 설립, 우리나라 대학 최초의 우수 연구집단 R&D를 지원하는 SRC/ERC 사업, 미래 에너지 생산 핵융합 사업, 항공우주 종합개발 등을 추진하였습니다.

VIP 리더십을 가진 한 사람의 과학자가 대한민국의 과학기술 발전에 어떻게, 또 얼마나 큰 기여를 하였는지 이 책에서 생생하게 접할 수 있습니다. 다음 세대 과학기술자들과 청소년들에게는 감동과 깨달음을 주고, 정책 전문가와 역사가에게는 귀한 과학기술 지침서가 될 것입니다. 저자가 우리나라 과학기술 발전에 끼친 지대한 영향을 생각할 때 정 박사님은 대한민국 과학기술 선진화를 위해 하늘이 이 땅에 특별히 보낸 분이라고 여겨집니다.

신성철_KAIST 총장

산업화 위해 달려가던 조국에 과학자 양성 초석 놓다

　과학자 정근모가 걸어오신 길을 새삼 되짚어 보았습니다. 푸근하
고 따뜻한 어른, 대선배의 풍모 뒤에 진취적이며 치열하고 또 쉴 새 없
었던 그의 여정이 비추었습니다. 그리고 다시 한 번 절감하게 되었습
니다. 그의 발자취가 곧 대한민국 과학계의 역사이고, 그의 족적이 곧
우리 과학계의 성취임을 말입니다.

　더 깊은 공부를 위해 혈혈단신 미국으로 떠났던 청년은 10여 년 만
에 고국으로 돌아와 한창 산업화를 위해 달려가던 고국에서 KAIST와
고등과학원 설립을 주도하며 우수 과학자 양성에 초석을 놓았습니다.
과학기술에 정통한 행정가로서 두 차례 과학기술처 장관을 역임했고,
한국과학기술한림원 원장을 지내며 과학계의 저변을 넓히는 일에도
앞장섰습니다. '먼저 가본 길'의 경험으로 그가 추진하고 실행했던 모
든 일이 과학계 후배들의 등불이 되어 주었습니다. 그 등불 덕에 넘어
지지 않고 앞으로 나아갈 수 있었고, 후배와 제자들이 따라 걸어올 길
을 낼 수 있었습니다. 그에게는 개인의 영달보다 사회의 필요가 우선이
었고, 사명감과 보람이 힘의 원천이었습니다.

　'행동하는 과학자' 정근모 박사와 제가 몸담고 있는 아주대학교의

인연도 참 깊습니다. 1987년 학교법인 대우재단의 설립자인 고 김우중 회장의 초청으로 정 박사께서 아주대 특임석좌교수로 부임, 대학원 에너지시스템학과의 설립과 발전을 주도하셨고, 고등기술연구원의 설립에도 힘을 보태 주셨습니다.

한국인으로는 처음으로 핵융합 연구를 했던 정근모 박사는 과학기술의 가치와 과학자의 역할에 대해 늘 깨어 있는 말씀을 주셨습니다. 과학기술에는 경계가 없고, 기술 혁신을 통해 새로운 경제를 일으키면 우리도 이웃도 잘살게 된다는 말씀입니다. 젊은 과학자들이 그 주인공이며, 흉내 내는 연구보다는 새 세계를 개척하는 과감함을 가져야 한다고 강조하셨지요.

이 소중한 한 권의 책을 통해 우리 과학계의 어제와 오늘을 들여다보고 미래를 살필 수 있게 되어 감사합니다. 과학계의 대선배인 저자의 열정과 헌신을 우리 동료 연구자들, 그리고 미래를 바꾸어 갈 꿈나무들이 함께 느끼고 새길 수 있기를 바랍니다.

박형주_아주대학교 총장

감사의 글을 올립니다

  1950년 겨울 혹독한 추위 속에 일주일 간 석탄차를 타고 부산으로
피난 갔던 한국전쟁의 힘들었던 추억도 이제는 70년 전의 이야기가
되었습니다. 전쟁 중에 첫 번째 국가시험을 치르고 부산 구덕산 기슭
에 자리잡은 천막 교실의 경기중학교에 입학했던 기쁨도 엊그제 일 같
습니다. 세종문화회관 자리에 임시로 자리잡았던 천막 교실의 경기고
등학교 시절 아름다운 학창생활의 잊지 못할 교육은 우리들 가슴속에
'초일류 대한민국의 꿈'이 반드시 이루어지리라는 확신을 심어 주었습
니다.

  대한민국은 어린 우리가 꿈꾸었던 대로 '한강의 기적'을 이루었고
이제는 많은 나라에게 '희망의 횃불'로 비추어지고 있습니다. 우리나라
지도자들이 외치며 격려했던 '과학기술 입국'과 '첨단 경제 건설'은 현
실이 되었고 '민족화합 통일'도 머지않아 이루어지리라 믿습니다. 우리
의 다음 세대들이 하나님의 소명을 받아 전 세계 사람들에게 사랑으로
봉사하는 초일류 국가 건설에 매진하기를 간절히 기도 드립니다.

  지난 70년 동안 초일류 대한민국의 꿈을 심어 주셨던 훌륭하신 은사
님들께 깊이 감사드리며 미국 대학 석학들의 기탄 없던 선진 사회의 가

르침을 아직도 잊지 않고 있습니다. 어려운 시절 속에서도 오직 대한민국의 미래를 위하여 최선을 다해주신 과학기술계의 동료들에게 이 작은 책을 통하여 깊이 감사 드립니다.

우리나라 '대한민국'이 자유민주주의 국가의 모범이 되고 우리 국민 모두가 보수와 진보를 넘어서 서로 돕고 화합하는 따뜻한 사랑의 한겨레가 되기를 간절히 기도 드립니다. 삼천리 한반도가 평화롭게 행복을 누리며 전 세계로 나아가 하나님의 사랑을 전하고 베푸는 21세기 초일류 국가의 아름다운 보금자리가 될 것을 확신합니다.

이 책은 중앙일보의 〈남기고 싶은 이야기〉 코너에 82회 연재된 칼럼을 바탕으로 구성되었습니다. 책이 발간될 수 있는 토대를 마련해주신 중앙일보사에 깊은 감사의 말씀을 드립니다.

2020년 12월 20일
경기도 이천 성스러운 마을에서

성촌(聖村) 정근모

차례

CHAP 3. 무엇을 배우고 돌아가 조국 발전에 어떻게 도움이 될 것인가 ...89

CHAP 4. 카이스트 설립, 두뇌 유출 방지라는 목적을 이루다 ...115

CHAP 5. 무에서 유를 창조하며 '한강의 기적' 이끌던 시기 ...163

CHAP 8. 미국한림원에 휘날린 태극기와 해비타트 운동 ...279

CHAPTER 1

가난한 나라의
과학자,
한 알의 밀알 되기로

흑백사진 속 원자로 기공식,
에너지 기술 확보 염원의 시작

내 사무실에는 역사적인 흑백사진이 한 장 걸려 있다. 60여 년 전인 1959년 7월 14일에 있었던 한국 최초의 연구용 원자로 기공식 장면이다. 사진 오른쪽에는 첫 삽을 뜨는 이승만 대통령, 그 옆으로는 원자력원 초대원장인 김법린 박사의 모습이 각각 보인다. 이 원자로는 4·19혁명과 5·16쿠데타라는 현대사의 대격변을 겪으면서 1962년에 완공됐다. 이를 가동하면서 한국은 원자력 기술 확보를 통한 에너지 자립과 과학기술 입국(立國)을 동시에 추구했다. 반세기에 걸친 원자력과 에너지 기술 확보 염원의 시작이다.

한국은 그 당시 원자력 태동기를 맞고 있었다. 이는 1953년 12월 8일, 드와이트 아이젠하워 미국 대통령이 유엔총회에서

1959년 7월 14일 한국 최초 연구용 원자로 기공식

한 "평화를 위한 원자력(Atoms for Peace)"이라는 제목의 연설에서 시작했다. 미국은 1945년 핵폭탄을 개발해 일본 히로시마와 나가사키에 투하한 뒤 태평양전쟁을 끝냈다. 세계는 무시무시한 핵폭탄의 공포에 떨었다. 그 뒤 소련이 1949년, 영국이 1952년 핵실험을 하고 핵무기 보유국이 됐다. 가공할 위력의 핵무기가 각국으로 확산한 것이다.

그런 상황에서 아이젠하워 대통령은 결단을 내렸다. 아이젠하워는 유엔총회 연설에서 "원자력이 갖는 엄청난 힘을 인류에게 큰 이익을 주는 것으로 바꿀 수 있다고 믿는다"며 원자력의 평화적 이용을 주창했다. 그는 원자력 기술을 농업과 의학, 전력 제공 등에 활용해야 한다며 이를 담당할 국제원자력기구(IAEA)의 창설을 제안했다. 아이젠하워는 "인간이 갖고 있는 위대한 창의력을 죽음이 아닌 삶을 창조하는 물질을 만드는 데 바치겠다"고 전 세계에 약속했다. 군인 출신으로 제2차 세계대전 중 유럽 연합군사령관으로 활약했던 아이젠하워는 원자력을 무기가 아닌 인간의 삶을 풍요롭게 하는 데 사용하는 물꼬를 튼 인물로 역사에 기록될 것이다. 전 세계는 아이젠하워의 제안에 공감했다. 1954년 IAEA의 창설을 위한 국제회의가 28차례 열렸고, 그 결과 1956년 유엔총회에서 IAEA 헌장을 채택하고 이듬해 IAEA가 유엔 산하기관으로 발족했다.

이런 상황에서 1956년 미국 전력계의 거물이자 대통령 과학고문인 워커 리 시슬러 박사가 한국을 찾아와 이승만 대통령과 만났다. 시슬러 박사는 작은 나무상자 하나를 들고 나타났는데 그 나무상자 안에는 우라늄과 석탄이 들어 있었다. 시슬러는 이승만 대통령에게 우라늄을 보여주면서 "우라늄 1g으로 석탄 3t의 에너지를 낼 수 있다"고 하면서, "석탄이 땅에서 삽으로 캐는 연료라면 원자력은 사람의 머리에서 캐내는 에너지"라고 말했다. 지금부터 원자력을 다룰 과학기술 인재를 육성한다면 한국도 머지않아 전국을 전깃불로 환하게 밝히기에 충분한 에너지를 얻을 수 있음을 강조한 셈이다. 전력 사정이 좋지 않아 수시로 정전이 되던 자원 빈국이었던 한국의 대통령에게는 눈이 번쩍 띄는 이야기였을 것이다.

이 만남은 한국 에너지 자립을 향한 첫걸음이 되었다. 이 대통령은 원자력이 한국의 주요 에너지원이 될 것으로 확신하고 원자력 기술의 도입을 결정했다. 이를 위해 1956년 정부 조직

경기도 양주군 노해면 공덕리(현 서울 공릉동)의 서울대학교 공과대학 4호관에서 문을 연 원자력연구소 개소식 장면

으로 문교부에 원자력과를 신설하고 한·미 원자력협정을 체결했다. 국회와 정부도 하나가 되었다. 국회는 1958년 원자력법을 제정했고, 정부는 같은 해 10월 원자력원과 원자력연구소를 세우는 기초를 닦았다.

이승만 대통령은 원자력원 초대원장에 철학자인 김법린 전 문교부 장관을 임명했다. 그가 원자력원장에 임명된 것은 세간의 관심을 모으며 화제가 되었다. 예사 인물이 아니었기 때문이다. 김 원장은 1919년 3·1운동에 참가한 것을 비롯해 온몸으로 일제에 항거한 애국지사다. 해방 뒤 정부가 수립되면서 1952년 안호상·백낙준 선생에 이어 3대 문교부 장관으로 일했다. 장관 출신의 독립운동 거물이 초대원장을 맡은 원자력원은 이루 말할 수 없는 긍지와 자부심으로 넘쳤다.

이승만 대통령이 애국지사를 원자력원장으로 임명한 데는 깊은 뜻이 있었다. 바로 독립운동을 하듯 끈질긴 집념으로 원자력 기술을 확보해 전기 자립을 이루라는 명령이었다. 과학기술로 국민이 편안하고 잘사는 나라를 만들겠다는 열정의 표현이기도 했다. 김 원장의 취임은 한국 원자력과 과학기술에는 물론 내 인생에도 결정적인 계기를 만들었다.

미국의 한국 원조 프로그램
'미네소타 프로젝트'로 서울대 행정대학원 신설

1959년 한국 최초의 연구용 원자로가 착공되던 당시 나는 김법린 원자력원 초대원장의 보좌역으로 일하고 있었다. 김법린 원장과의 깊은 인연을 말하려면 우선 나의 20대 시절의 고뇌부터 이야기할 필요가 있다. 서로 떼려야 뗄 수 없기 때문이다.

나는 1959년 초 서울대학교 물리학과 졸업을 앞두고 진로 문제로 심각한 고민에 빠졌다. 같은 학과 동급생들은 상당수가 대학원 진학이나 해외 유학을 꿈꿨다. 하지만 교수진 일부가 해외 유학을 떠나 있었고, 실험실도 빈약한 상황이어서 대학원 진학은 나에게 고려 대상이 아니었다. 형편상 해외 유학도 생각하지 못했다.

그런 나에게 생각지도 못한 기회가 찾아왔다. 내가 다니던 서울대학교 물리학과는 종로구 이화동의 서울대 법과대학 구내에 있었는데 마침 벽보판에 새로운 안내문이 붙었다. 서울대 행정대학원이 신설되고 1회 입학생을 모집한다는 공고였다. 놀라운 것은 교수진이 미국의 대학교수들로 이루어지고 교과과정도 미국의 전문 석사과정을 그대로 따른다는 것이었다. 매력적인 조건이었다. 미국에 가지 않고도 유학을 떠난 것처럼 공부할 수 있어 보였다.

사실 행정대학원 신설은 6·25전쟁 뒤 미국이 전후복구 원조로 진행한 '미네소타 프로그램'의 일환이었다. 미국은 대외원조를 계속 유지하기 힘들어지자 효율을 높이고자 한국에 '물고기를 주는 대신 물고기 잡는 법을 가르쳐주는' 원조 방식을 적용했다. 이를 위해 서울대 의대·공대·농대에 장비와 시설을 지원했으며, 미국 교수진의 한국 파견과 서울대학교 교수진의 미국 미네소타대학교 연수도 진행했다. 이를 통해 한국 대학의 교육·연구 수준이 비약적으로 높아졌고 과학기술도 함께 발전했다. 여기에 더해 유능한 행정가를 양성해 정부 효율을 높이고자 과학적인 행정의 선진 기법을 가르칠 행정대학원을 신설하게 된 것이다. 한국의 과학기술이 막 비상하려던 시기였다.

이런 행정대학원에 물리학도인 내가 간 이유를 궁금해하는 사람이 많다. 나는 자연과학을 전공하면서도 사회과학에 관심이 많았다. 그때의 청년 세대는 방법은 달라도 모두가 가난한 한국을 변화시키겠다는 꿈을 꿨는데 나도 마찬가지였다. 그래서 행정대학원 입학 자격과 시험 과목을 유심히 살펴봤다. 학부 전공은 무엇이든 상관없다는 점이 우선 마음에 들었다. 공통시험 과목은 예상대로 국어·영어·역사 등이었는데, 선택 과목에 수학이 들어 있었다. 눈이 번쩍 뜨였다. 물리학을 전공한 나는 수학도 자신이 있었기 때문이다. 이렇게 합격 가능성이 보이기에 응시를 결심하게 됐다.

수학 시험 준비를 위해 서울대학교 수학과의 최윤식 주임교수가 만든 교과서로 공부했다. 예상대로 그 책에서 나온 예제 문제가 입시 문제에 그대로 출제돼 수학은 만점을 받았다. 그 덕분인지 물리학과 출신인 내가 행정대학원 1회 수석합격의 영예를 안았다. 공통 과목의 성적은 별 차이가 없었겠지만 선택 과목에서 차이가 난 듯하다. 신태환 법대학장 겸 행정대학원장이 내게 미국인 교수진이 제공하는 수석 장학금을 직접 전달하

서울대학교 행정대학원 1기 입학시험에서 물리학과 출신의 정근모 학생이 수석 입학한
사연을 보도한 신문 기사

며 격려했다. 신입생 100명 중 주간 33명은 시험으로, 야간 67명은 현직 공무원 중에서 추천으로 각각 뽑았다.

주간 학생 중 유일하게 이공계 출신인 내가 수석까지 하자 세간의 관심이 쏠렸다. 한 일간지에서 "기술자 천대에 항의한다" "물리학의 신동, 행정대학원에 수석 합격"이라는 제목을 달아 사회면 톱기사로 큼직하게 보도했다.

나중에 알고 보니 이 신문 기사를 읽은 이승만 대통령이 최치환 비서관을 불러 "이 젊은이의 장학금을 주선해 미국으로 유학을 보내라"라고 지시했다고 한다. 이 땅에 행정을 맡을 사람도 필요하지만 물리학자는 더욱 부족하니, 나를 미국에 보내 공부시킨 뒤 나중에 한국의 과학기술 발전에 이바지하게 하라는 것이었다. 이렇게 행정대학원 수석 합격은 뜻하지 않게 내게 미국 유학이라는 새로운 길을 열어 주었다. 그 당시 지도층의 과학기술 입국 의지는 이런 작은 사례에서도 분명히 드러났다.

행정대학원에서 처음 경험한
미국식 학문과 교육 제도

행정대학원에 들어가서 보니 내가 예상했던 교육과정과는 사뭇 달랐다. 흔히 행정학이라고 하면 국가 통치에 필요한 규정·제도·법률을 배우는 딱딱한 분야라고 생각하기 쉽다. 하지만 미국의 행정전문대학원 최신 과정을 그대로 가져온 미국인 교수들은 접근법부터 달랐다. 행정학·정책학 등 사회과학 과목은 물론 통계학·회계학 등 수치와 관련 있는 과목까지 다양하게 배우게 했다.

행정에 왜 통계나 회계가 필요한지 의아하기도 했는데 알고 보니 이는 정부를 효율적이고 과학적으로 운영하는 데 그야말로 필수 학문이었다. 정부가 정책 목표를 정하는 것부터, 이를 달성하기 위해 예산·인력 등 투입 자원의 양을 결정하고, 나중에 결과를 평가하는 데까지 이 모든 과정에서 정확한 통계와 회계는 기본이다. 미국인 교수들이 강조하던 통계학이나 회계학을 공부하려면 수학 실력이 필요했다. 이 때문에 수학에 강했던 나는 문과 출신의 다른 동기들보다 더욱 즐겁게 공부할 수 있었다. 이렇게 해서 나는 행정대학원에서 처음으로 미국식 학문과 교육 제도를 경험했다.

그때의 서울대 행정대학원은 주간 학생들에게 미국식으로 '수습행정원(지금의 인턴에 해당)'을 의무적으로 하도록 했다. '현장 행정'의 중요성을 강조하기 위해서였다. 미국으로 유학을 떠나기 전에 행정대학원을 마치고 싶었던 나는 대학원 당국에 특별히 간청해 다른 학생보다 일찍 수습행정원으로 나갈 수 있었다. 마침 갓 출범한 원자력원에 자리를 얻었다. 1기 주간반은 대부분 법대나 정치학과·사회학과 등 문과 출신이고 이공계 계통은 나밖에 없었다. 신설 기관인 원자력원에 내가 배치된 이유일 것이다.

원자력원에 배치된 직후, 나는 김법린 원장을 찾아가 인사를 드렸다. 문교부 장관 출신의 김 원장은 과학이나 공학자 출신이 아니라 철학을 공부한 철학박사였다. 그분은 내가 물리학과를 졸업했다는 말을 들으시고는 "자네는 딴 데 가서 일할 필요가 없네. 내 곁에서 일하도록 하게"라고 말씀하셨다. 김 원장이 부르면 달려가 물리학 등 과학과 관련한 질문에 대답하는 보좌 업무를 맡았다. 나는 김 원장을 가까이에서 보좌하면서 그의 인간적이고 학구적인 자세, 치밀한 업무 추진, 미래를 바라보는 혜안에 반해 진심으로 존경하게 되었다.

이렇게 김 원장을 모셨던 일은 내 인생의 방향을 결정적으로 바꿔놓았다. 이를 통해 한국의 과학기술, 과학기술 행정, 그리고 원자력 개발과 떼려야 뗄 수 없는 인연을 맺었기 때문이다.

원자력원 초대원장 된 독립운동가 김법린,
나의 '인생 멘토'가 되다

김법린 원장은 학문뿐 아니라 인격도 훌륭했다. 20대에 그런 분을 지척에서 모신 경험은 평생 내 삶에 영향을 끼쳤다. 행정대학원에서 미국인 교수들로부터 과학적인 서구 학문을 익혔다면, 수습행정원으로 파견된 원자력원에서는 김 원장으로부터 성숙한 인간이 되는 법을 배웠다.

김 원장이 그에게 올라온 모든 결재 서류를 나도 읽게 해준 덕분에 많은 것을 보고 배울 수 있었다. 특히 복잡한 과학 지식이 요구되는 업무를 어떻게 챙기는지를 살필 수 있었다. 김 원장은 국내에서 불교학을 배우고 프랑스 파리대학교에서 유학한 철학자다. 원자력의 바탕이 되는 물리학·화학·기계공학·수학 등과는 거리가 있었다. 물리학이나 원자력공학을 제대로 공부한 사람도, 이공계 지식과 리더십을 동시에 갖춘 인물도 드문 것이 1950년대 한국 실정이었다.

이런 상황에서 중요한 자리를 맡게 된 김 원장은 부족한 부분을 의지와 노력, 리더십으로 메우려고 애썼다. 우선 독학으로 원자력에 대한 이해를 높이려고 힘썼다. 그래서 원장실은 수소문해서 구한 물리학·원자력 관련 각종 외국 서적으로 가득했다. 이를 읽으면서 필요한 지식을 섭렵했다. 이 덕분에 자연과학이나 공학 전공자에게 밀리지 않고 업무를 처리할 수 있었을 것이다.

다른 미덕도 보여줬다. 바로 확인 행정이다. 한 번은 담당 직원이 어려운 과학 용어와 개념을 앞세우며 원자력 관련 보고를 하고 나가자 그가 배석했던 내게 물었다. "정 군, 방금 들은 이야기가 과학적으로 맞는가?"

수습행정원에 불과한 내게 물리학을 전공했다는 이유로 과학적 사실 확인 지시를 내린 셈이다. 나는 그 뒤로 그때그때 과학과 관련한 내용을 아는 대로 원장에게 설명한 것은 물론 미처 정확하게 모르는 부분은 따로 공부하거나 조사해서 알려드렸다. 이처럼 일일이 묻고 확인하는 김 원장에게 직원들은 대충

보고하거나 과장해서 올릴 수가 없었다. 직원들을 불신해 윽박지르거나, 반대로 보고를 맹신하지 않으면서 오로지 사실 확인과 정확한 행정을 위해 노력하는 모습이었다.

리더십도 뛰어났다. 항상 직원들을 격려하고 제대로 일할 수 있도록 도왔고, 지도자가 무엇인지를 몸소 보여줬다. 이처럼 지척에서 김 원장의 언행을 지켜보며 의사결정 방식이나 사람을 배려하는 방법을 비롯해 지도자로서 갖춰야 할 소양 등을 다양하게 보고 익힐 수 있었다. 항상 상대방을 배려하는 자세를 갖게 해준 점이 가장 중요한 가르침이라고 생각한다. 늘 인내하며 겸손하게 행동하고, 검소하며 소박한 생활을 하는 모습도 보고 배웠다. 학교와 책에서는 배울 수 없는 가르침이었다. 이런 멘토를 만난 것은 내 일생의 행운이었다.

중국인 최초 노벨상 수상자는
중국 대신 미국을 선택했다

나는 대학 2학년 때 부친을 여의었다. 이 때문에 20대 초반에는 가장 고마운 스승으로 모셨던 김법린 원자력원 초대원장과 신태환 서울대학교 법과대학장 겸 행정대학원장이 자연스럽게 삶의 본보기로 자리 잡았다. 특히 김 원장은 내가 미국으로 유학을 가기 직전, 인생의 방향을 정하는 데 '결정적인' 조언을 했다. 조언은 길지 않았지만 단호했다. 거기에 담긴 사연과 의미는 참으로 깊었으며 그 여운은 평생 내 가슴에 남았다.

어느 날 김 원장이 나를 조용히 불렀다. 원자력원 수습행정원으로 일하다 보니 어느덧 미국 유학을 떠나야 할 시간이 눈앞으로 다가왔다. 다시 물리학 전공으로 돌아가 미국 유학을 떠나게 되니 마음이 들떴다. 가난했던 한국에서 유학 기회를 잡을 수 있는 사람은 극소수였다. 나는 이승만 대통령의 지시로 물리학을 공부하러 가게 됐으니 자부심도 컸다. 머릿속이 뭔가 이루어야겠다는 생각으로 가득했다.

그런 나를 앞에 앉힌 김 원장은 나직한 목소리로 이야기를 시작했다.

"정군! 곧 미국으로 유학을 가겠군. 그런데 내가 깊이 부탁할 일이 있네."

이렇게 말문을 뗀 김 원장은 평생 잊을 수 없는 당부를 했다. 그는 중국 최초의 노벨상 수상자를 언급하며 내게 질문했다.

"자네도 알다시피 얼마 전에 중국인 과학자 두 명이 노벨물리학상을 받지 않았는가. 그 과학자들은 미국 시카고대학교에서 공부한 뒤 미국에 남아 과학 연구를 계속했다지. 그러면 그 사람들이 받은 노벨상은 중국의 것인가, 미국의 것인가?"

이 말을 듣는 순간 머릿속이 번쩍했다. 미국 유학을 떠날 내게 중국인 노벨상 수상자 이야기를 꺼낸 의미를 알아차렸기 때문이다.

1957년의 노벨물리학상은 중국인 리정다오(李政道)와 양전닝

(楊振寧)이 공동으로 받았다. 중국인이 수상한 첫 노벨상이다. 리는 미국 컬럼비아대학교 교수, 양은 프린스턴 고등연구소 연구원이었다. 이들은 1949년부터 프린스턴 고등연구소에서 입자물리학을 공동으로 연구해왔는데 그 성과로 각각 31세와 35세의 젊은 나이에 노벨상 수상자가 되었다.

두 사람은 시카고대학교에서 유학해 박사학위를 받은 뒤 연구 여건과 대우가 좋은 미국에 남아 미국 과학계에서 일했다. 중국은 국민당과 공산당 간 내전을 거쳐 1949년 본토에 공산국가인 중화인민공화국이 들어서고, 일부는 대만으로 옮겨가 중화민국이 들어서며 혼란스러운 상황이었다. 두 과학자가 이런 조국으로 돌아갔다면 자신들이 해온 연구를 계속하기도, 노벨상을 탈 만큼 학문을 완성하기도 쉽지 않았을 것이다.

그 당시 중국은 과학기술 수준이 뒤처지고 가난한 나라였다. 두 명의 노벨물리학상 수상자를 배출했음에도 사정은 나아질 수 없었다. 산업을 살릴 과학기술자는 유학을 떠난 뒤 대부분 돌아오지 않았다. 중국은 부흥을 위한 과학기술 두뇌에 목마른 상황이었다. 이는 한창 6·25전쟁 후 복구 과정에 있던 한국도 마찬가지였다. 김 원장은 이런 사정을 염두에 두고 이들의 노벨상 수상이 중국의 경제 발전과 민생에 어떤 도움이 됐는지를 내게 따져 물었던 것이다.

김법린 원장이 미국 유학을 떠나는 내게 가장 염려한 것은 '두뇌 유출' 문제였다. 미국은 제2차 세계대전 전부터 전 세계 과학 인재들을 빨아들였다. 1930~40년대 나치즘과 파시즘의 유대인 박해나 전쟁·가난 등으로 본국에서 제대로 공부하거나 연구하기가 힘들었던 과학 인재들은 줄지어 미국으로 향했다. 이념이나 종교에 얽매이지 않고 인간을 존중하고 인권을 보장하는 자유로운 사회이자, 과학자·기술자를 우대하는 분위기도 한몫했을 것이다. 미국은 인재를 받아들여 자국의 과학기술과 경제의 발전 동력으로 삼았다. 미국식 '과학 입국'이다.

혼란한 조국에서 어렵사리 공부한 중국의 과학 인재들은 미국으로 건너가 마음껏 공부할 수 있는 환경을 만나며 날개를 폈다. 중국 입장에서는 두뇌 유출이다. 김 원장은 이들이 유학에서 얻은 과학기술 지식으로 어려운 조국을 위해 헌신하는 대신 미국에 남아 연구와 학문으로 개인적인 성공의 길을 택한 것으로 판단했다. 그래서 나도 혹시 그럴까 봐 우려한 것이다.

가난한 나라 과학자는
인생 걸고 조국 잘살게 해야

김법린 원자력원 초대원장의 지적대로 중국의 첫 노벨상 수상자인 리정다오와 양전닝은 시카고대학교에서 박사학위를 받고 미국에 남았다. 대만으로 옮긴 중화민국에도, 중국 본토에 들어선 중화인민공화국에도 가지 않았다. 여러 이유가 있겠지만, 미국 과학기술계의 개방적이고 글로벌한 분위기도 한몫했을 것이다. 능력만 있으면 출신을 따지지 않고 과학기술자를 우대하는 분위기는 이들의 박사 과정을 지도한 교수들의 삶을 봐도 알 수 있다.

리의 지도교수 엔리코 페르미는 이탈리아 출신으로 1938년 노벨물리학상을 받았다. 그해에 파시스트 정권이 유대인 탄압법을 만들자 유대인 부인을 보호하려고 미국으로 떠났다. 양의 지도교수 에드워드 텔러는 헝가리에서 태어난 유대인으로 독일에서 연구하다 나치 압박에 탈출했다. 두 지도교수 모두 제2차 세계대전 당시 미국의 원자폭탄 개발 프로그램인 '맨해튼 계획'을 이끌었다. 페르미는 '원폭 설계자', 텔러는 '수소폭탄의 아버지'로 불린다.

독일과 이탈리아는 워낙 과학기술 기반이 탄탄했기에 두뇌 유출에도 전후 복구를 빠르게 이룰 수 있었다. 하지만 중국은 1957년 첫 노벨상 수상자를 배출했음에도 과학기술과 산업 발달이 뒤처지고 가난에서 벗어나지 못했다.

김법린 원장은 이런 상황을 바탕으로 과학기술자의 목표나 임무는 출신 국가에 따라 서로 달라야 한다고 판단했다. 김 원장은 내게 "가난한 나라의 과학기술자는 자신의 지식·경험을 조국의 국민이 잘살게 하는 데 바치는 것을 인생의 목표로 삼아야 한다"고 당부했다. 그는 노벨상 수상을 개인의 명예 정도로만 여겼다. 아울러 출신 국가의 지도자들의 과학기술 인식을 높이는 것도 중요하다고 지적했다.

김 원장의 생각은 정확했다. 그 뒤 중국 사례가 이를 말해준다. 중국인의 첫 노벨상 수상 이듬해인 1958년, 공산당 지도자 마오쩌둥(毛澤東)은 선진국을 따라잡겠다며 농업·공업 분야 대약진운동(1958~62년)을 시작했다. 과학기술을 활용한 기계나 동력 대신 인력과 대중동원에 의존해 노동집약적 증산 운동을 펼쳤다. 한 대의 기계가 노동자 100명의 몫을 하게 하는 대신, 노동자 100명을 동원해 한 대의 기계를 대신하는 식이었다. 결과는 참담한 실패였다. 그 당시 중국 지도자들은 경제와 민생에 미치는 현대 과학기술의 가치를 제대로 인식하지 못했다는 점을 주요 원인의 하나로 꼽을 수 있다. 선진국은 일찍이 지도자와 국민 모두가 과학기술의 중요성을 깨닫고 오랫동안 인재를 키워 왔다. 나라가 잘살려면 과학기술이라는 '비료'가 필수라는 김 원장의 혜안은 지금까지도 빛날 뿐 아니라 내 인생의 나침반 역할을 했다.

미국 과학자 되지 말고
한국 과학기술의 문익점 돼라

김법린 원장의 마지막 당부는 '자기희생'이 었다. 철학자인 김 원장은 미국으로 유학을 떠나는 내게 "한 알 의 밀알이 돼라"고 주문했다.

"자네는 미국 가서 박사학위를 받은 다음에 미국 과학자가 되 지 말고 귀국하도록 하게. 돌아와서 할 일이 있네. 자네 세대는 빈약한 국내 교육을 받을 수밖에 없었지만 자네 후배들까지 그 렇게 되면 되겠나? 하나의 밀알이 땅에 떨어져 희생해야 거목 이 될 수 있네. 자네는 한국의 미래 과학기술 기반을 위해 희생 하게."

이 말을 듣는 순간 머리에서 불꽃이 일었다. 그동안 나 잘 되 라는 덕담은 숱하게 들었지만 남을 위해 희생하라는 이야기는 처음이었기 때문이다. 그는 말을 이어갔다.

"한국이 잘사는 나라가 되려면 무엇보다 과학기술이 발전해야 하네. 그런데 과학기술의 발전이란 것이 한두 사람의 힘으로 되는 게 아닐세. 미국에 가서 혼자 박사학위를 받는다고 되는 게 아니란 말이지. 물론 박사학위를 받는 것도 중요하지. 하지만 그보다 더 필요한 것은 한국의 전반적인 과학 수준을 어떻게 높일 수 있는지, 그 비결을 알아오는 것일세. 많이 배우고 연구해서 한국 전체의 과학기술 수준 향상에 기여해야 해."

그러면서 미국의 연구·개발 체계와 과학기술 인재 양성 제도를 자세히 공부하고 돌아오라는 구체적인 주문까지 했다.

"그러니 자네는 미국에 있는 동안 그곳의 유명 대학교, 유명 연구소, 정부의 과학기술 기관을 고루 다녀보도록 하게. 그러면서 미국이 어떻게 세계 최고의 과학기술 문명을 발전시키고 있는지, 과학기술자는 어떻게 기르는지 그 비결을 알아 오게."

그래야 훗날 우리 실정에 맞는 교육과 연구 기관을 만들 수 있고, 그 다음 선진국과 맞먹는 과학기술 역량을 가질 수 있다는 뜻이었다. 개발도상국인 한국이 과학 입국과 경제 발전을 이룰 수 있도록 '과학기술 분야의 문익점'이 돼라는 주문이었다.

이 말을 처음 듣는 순간 충격을 받았다. 그전까지 머릿속에는 미국에서 박사학위를 받고 훌륭한 과학자가 되는 꿈만 가득했기 때문이다. 장학생이 된 이상 어떻게든 박사 과정을 이수해야 했기에 이후에 하게 될 공부에만 신경을 쏟았다. 김 원장은 그런 내가 미처 생각하지 못했던 크고 새로운 소명을 알려줬다. 이는 내가 왜 유학을 떠나는지, 가서 전공 외에 미국의 어떤 부분을 보고 배울 것인지, 돌아와서 국가와 국민을 위해 무엇을 할 수 있을지를 곰곰이 생각해 보는 계기가 됐다. 어쩌면 개인의 영달이나 명예를 목표로 삼았을 수도 있었던 미국 유학의 방향을 국가와 국민을 먼저 생각하는 쪽으로 돌릴 수 있었다. 미국에서 어려운 상황에 부닥칠 때마다 왜 이런 고생을 하는지에 대한 이유를 분명히 새기며 극복하는 힘이 되기도 했다.

1960년 3월 24일, 미지의 아메리카 대륙에 도착해보니 미국은 항공우주국(NASA)을 신설하는 등 과학기술 분야에 대한 투자를 늘리고 연구·교육 체계를 온통 뜯어고치고 있었다.

1960년, 새로 개관한 김포공항 청사에서 많은 이의 격려 받으며 미국으로

나는 물리학을 공부하기 위해 1960년 3월 김포국제공항에서 미국으로 향하는 비행기에 올랐다. 지금의 김포공항은 국내선 중심에 일부 국제선만 운항하지만, 그때는 최신 시설이었다.

이곳에서 가족과 친구들의 환송을 받았는데 많은 사람의 격려 속에 유학길에 오르니 감개무량했다. 초등학교 마지막과 중학교 초기를 다녔던 6·25 당시 천막 교실을 비롯해 어렵게 공부했던 장면이 머릿속에 떠올랐다. 한없이 나를 격려하고 보살펴주시다 이 모습을 보지 못하고 초등학교 6학년 때 돌아가신 어머니, 대학교 2학년 때 세상을 떠난 아버지도 생각났다.

그 당시 미국 유학은 큰 기회였다. 단단히 마음을 다잡으며

'최선을 다해야 한다'고 끝없이 다짐했다. 우리 세대는 대부분 이런 마음으로 유학길에 올랐을 것이다.

나중에 알고 보니 그 당시 사귀던 여자 친구가 먼발치에서 이를 지켜보고 있었다. 여자 친구는 내가 학생 시절 가정교사를 하던 집의 딸이었다. 내가 가르치던 남학생의 누나와 친해졌는데, 그로부터 2년 뒤 나는 그 여자 친구와 결혼하였고 지금의 내 아내가 되었다. 여자 친구였던 내 아내는 이륙하는 비행기가 보이는 공항 난간에서 혼자 울고 있었는데, 마침 배웅 나왔던 내 친구가 우연히 이 모습을 보고는 사진을 찍어 보내줬다. 나중에 판사로 일하다

1960년 개장한, 당시로서는 최신 시설이었던 김포국제공항 종합청사

1990년대 초 대구고등법원장과 사법연수원장을 지낸 고교 동창 김재철 변호사가 바로 이 친구다. 교제 사실 공개를 꺼리던 시절이라 우리가 사귄다는 사실을 주변에서는 아무도 몰랐다. 그런데 공항에서 어떤 젊은 여성이 하도 슬프게 울고 있기에 친구가 혹시나 하고 사진을 찍었다고 한다. 지금은 상상할 수도 없는, 오래 전 공항 풍경이다.

김포공항에서 이륙한 여객기는 영국항공(BA)의 전신인 영국해외항공(BOAC: British Overseas Airways Corporation) 소속 프로펠러 비행기였다. 한국이나 미국 어느 곳의 항공사에서도 김포에서 출발하는 태평양 횡단 항공 노선을 운항하기 전이었다. 미국으로 가는 길은 간단하지 않았다. 직항은 꿈도 꾸지 못할 때였다. 중간에 하와이·샌프란시스코·시카고 등 세 군데에 중간 기착하거나 환승해야 했다. 최종 목적지인 미시간주의 주도(州都) 랜싱에 도착한 때가 1960년 3월 24일이었다. 비행 시간과 공항에서의 대기 시간을 합쳐 꼬박 하루 반나절이 걸렸다. 랜싱은 유학을 시작할 미시간주립대학교가 있는 도시다. 새로운 미래를 내 손으로 개척해야 할 바로 그곳이었다. 새로운 도전의 시작이었다. 공항에 내리니 가슴이 저절로 두근거리기 시작했다.

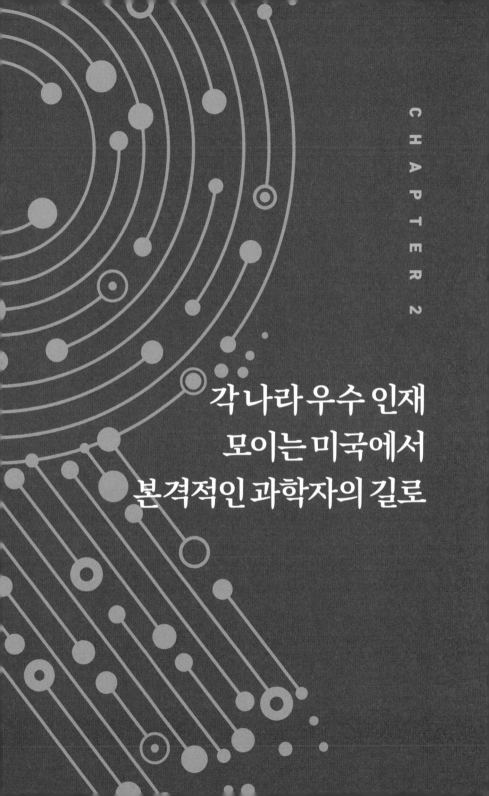

CHAPTER 2

각 나라 우수 인재
모이는 미국에서
본격적인 과학자의 길로

전 세계 우수 학생 모인 미국 대학,
책 20권 나눠주고 "한 학기 뒤 시험"

나라의 은혜를 입어 미국으로 유학을 간 나는 세계 최강국 미국에서 본격적으로 과학자의 길을 걷게 된 데 적지 않게 흥분했다. 하지만 미국에서 처음 맞닥뜨린 것은 치열한 경쟁이었다. 알고 보니 내가 공부하게 된 미시간주립대학교는 당시 정책적으로 세계 각국의 과학 인재 40명을 장학생으로 뽑았다. 우수 학생을 모아놓고 경쟁을 시키면서 교육하면 학생도, 학교도 수준이 높아질 수밖에 없다. 이들이 졸업 뒤 미국에 남으면 과학기술 인적 토대도 그만큼 단단해지게 된다. 이런 사실을 알게 되자 적잖이 두려운 생각이 들기 시작했다.

'내가 과연 이들과 경쟁해서 살아남을 수 있을까? 세계 각국에서 천재 소리를 듣던 과학 인재들이 모인 이곳에서 살아남을

수 있을까? 게다가 나는 영어도 짧은데….'

이렇게 조마조마한 마음으로 학교에 갔는데 더욱 청천벽력 같은 소식이 기다리고 있었다. 나는 당연히 물리학 전공의 석사 과정에 자동 입학하는 것으로 알고 왔는데 실상은 전혀 그렇지 않았다. 유학생 그룹의 지도교수가 싸늘하게 말했다.

"여러분 40명은 지금 똑같이 특별장학생 신분으로 이 자리에 왔지만, 모두에게 똑같은 기회가 주어지는 게 아닙니다. 우선 지금부터 한 학기 뒤 전원이 자격시험을 치러야 합니다."

학생들이 웅성거리기 시작했다. 모두가 자국에서 실력을 인정받아 장학금까지 받고 이 학교에 왔는데 자격시험이라니 놀라지 않을 수가 없었다. 철저한 미국식 경쟁의 시작이었다. 지도교수는 말을 이어갔다.

"시험에서 A 학점을 받은 학생은 석사 과정을 거치지 않고 곧바로 박사 과정에 들어갑니다. 하지만 여기 모인 학생 중에서 A 학점을 받는 사람은 아마 없을 겁니다. B 학점을 받으면 여러분이 기대했던 대로 석사 과정을 시작하게 됩니다. 만일 C 학점을 받으면 다음 기회에 재시험을 치러야 합니다. 혹시 D 학점을 받으면 아예 학교를 떠나야 합니다."

대학 당국이 철저히 성적순으로 학생을 대우하겠다는 이야기였다. 실력을 중시하고 경쟁을 장려하는 미국의 대학 분위기를 처음으로 마주친 순간이었다. 뜻밖의 이야기에 놀란 학생들에게 지도교수는 시험에 대비해 공부해야 할 책 목록을 차례로 나눠 주었다. 시험 통과 기준도 충격적이었지만 공부할 책 20여 권이 나란히 적힌 목록을 받아드니 아예 눈앞이 캄캄해졌다. 만일 D 학점을 받아 낙제라도 하면 개인 실패에 그치지 않고 국제적인 망신을 당하는 건 물론 나를 추천해 준 국가에 누를 끼치게 된다는 생각에 정신이 아뜩해졌다.

책을 준비하고 시험 준비에 들어갔지만, 며칠 동안은 도무지 잠을 이룰 수가 없었다. 불과 한 학기 안에 어떻게 영어로 된 전공 서적 20여 권을 다 읽고 공부해서 시험을 치른단 말인가. 말로 표현하기 힘들 정도로 엄청난 스트레스가 어깨를 눌렀다. 밥을 먹어도 무슨 맛인지 알지 못했고, 단 하루도 침대에 편안하게 누울 수 없었다. 과학자로서의 첫 걸음은 참으로 혹독했다.

잠 안 자며 공부한다는 소문에
수면제 들고 찾아온 지도교수

'지성이면 감천이라고 하지 않나. 하는 데까지 해보자. 하늘이 도와주실 거야.'

미국 미시간주립대학교에 도착하자마자 자격시험을 치르게 된 나는 정말 간절한 마음으로 하나님께 기도하고 또 기도했다. 적어도 한국에서 온 특별장학생이 첫 시험에서 낙제해서 돌아갔다는 소리만은 듣지 않아야 한다고 다짐하고 또 다짐했다.

그렇게 마음을 다잡고 책을 들었지만, 눈앞은 여전히 캄캄할 수밖에 없었다. 영어로 된 20여 권의 과학서적을 한 학기 안에 독파하고 이해한다는 것은 불가능했다. 미국인 전공자라도 쉽지 않았을 것이다. 난생처음 보는 낯선 단어와 과학 용어가 곳곳에서 눈에 띄었다.

다시 눈을 감고 기도하던 중 문득 꾀가 하나 떠올랐다.

"어차피 정상적으로는 책을 독파할 수 없으니 예상 문제를 만들어 풀어 보자."

나는 그날부터 20여 권의 책을 차례로 넘기며 예상 문제를 만들어나갔다. 최종적으로 50개의 예상 문제를 만들고 이 문제만큼은 나름대로 완벽하게 공부해 나갔다.

그야말로 식음을 전폐하다시피 하고 밤잠도 설쳐가며 시험 준비에 몰두했다. 지도교수가 이 이야기를 듣고 건강이 걱정됐는지 나를 찾아왔다.

"미스터 정, 너무 걱정하지 말아요. 시험을 앞두고 이렇게 잠을 자지 않으면 막상 시험 보는 날 역효과가 날 수 있어요. 그래서 수면제를 준비해 왔으니 이걸 먹고 오늘은 잠을 좀 자도록 해요."

지도교수가 수면제를 권했지만 사양했다. 그랬더니 이런 말을 했다.

"첫 번째 자격시험에서 A 학점을 받은 사람은 아무도 없어요. 그러니 무리하지 말고 우선은 어떻게 해서든 C 학점이라도 받도록 하세요."

이 말을 듣고 기가 막혔다. 사실 밤을 새워 공부하는 목표가

C 학점이었기 때문이다. 그래야 쫓겨나지 않고, 나라 망신은 피할 수 있다는 생각이었다. 하지만 어떻게 C 학점을 장담할 수 있다는 말인가. 나는 지도교수에게 "고맙습니다"라는 대답만 하고 다시 시험 준비에 몰입했다. 절박하니 공부에 집중하지 않을 수 없었다.

예상 문제를 만들고 모범 답안을 작성하면서 내용을 깊이 있게 알아가는 공부법은 상당히 효과적이었다. 예상 문제를 뽑는 과정에서 20여 권의 책 내용을 어느 정도 파악할 수 있었고, 모범 답안을 만들어가면서 이해를 더욱 높일 수 있었다. 무턱대고 책을 읽는 것과는 비교할 수 없었다. 무엇보다 큰 수확은 자신감이 생겨 어느 정도 심리적인 안정을 얻을 수 있었다는 점이다. 공부 앞에 주눅이 들지 않고 당당하게 맞선 결과다.

학교에서는 모두 6문제를 출제하고 이 가운데 5문제를 풀면 만점이라고 했다. 나는 50개의 예상 문제 중 적어도 2개는 나올 것으로 확신했고, 3개가 나온다면 행운이라 생각했다.

그런데 시험 당일 문제지를 보는 순간 피가 역류하는 듯한 흥분과 쾌감이 온몸을 휘감았다. 6문제 중 4개가 예상 문제와 정확하게 일치했기 때문이다. 나머지 2개 중 1개는 예상 문제와

경기고등학교 1학년 7월에 치른 대학입학 자격시험에서 수석한 정근모 박사의 공부법을 소개한 학생 잡지 〈학원〉 기사

상당히 유사해 어느 정도는 답안을 쓸 수 있었다. 전혀 손을 댈 수 없는 문제는 딱 하나뿐이었다.

"지성이면 감천"이라는 옛 속담은 헛말이 아니었다. 미국에서도 '정근모식 공부법'이 통하는 순간이었다. 한편으로는 '이건 우연이 아니다'라는 생각도 들었다. 이날의 경험은 그 뒤의 삶에 중요한 영향을 끼치게 되었다.

소련의 세계 최초 인공위성
'스푸티니크 1호'에 충격받은 미국

　　　　미국 미시간주립대학교에서 치른 첫 시험은 내게 행운이나 기적 이상의 의미가 있었다. 그것은 어쩌면 애절한 기도에 대한 하나님의 가장 명쾌한 응답이었는지도 모른다.

　출제된 6문제 중 내가 뽑은 예상 문제 50개에 포함된 4개의 답안을 그야말로 일사천리로 써 나갔다. 다른 한 문제도 비교적 흡족하게 답안을 써서 제출했다. 목표였던 C 학점은 문제없고 잘하면 B 학점도 가능하겠다는 생각이 들었다. 시험장을 나오면서 대화를 나눈 필리핀 출신 동료 학생은 "문제가 어렵지 않아 답안을 술술 적어냈다"며 유독 자신감이 넘쳐 보였다. 그런 여유가 부러웠다.

　초조했던 며칠이 지나고 드디어 성적 발표날이 왔다. 전 세계에서 온 유학생 40명이 한자리에 모여 지도교수의 입만 바라봤다. 수면 부족으로 건강이 염려된다고 수면제를 권하면서 C 학점이라도 따라고 했던 그 교수는 나를 가장 먼저 호명했다.

"미스터 정, C 학점은 확보했으니 이젠 안심해도 됩니다."

순간 눈물이 핑 돌았다. '그렇게 힘들여 공부하고 6문제 중 5문제를 제대로 풀었다고 믿었는데 겨우 낙제를 면한 C 학점이라니…. 세계의 벽은 이렇게도 높단 말인가.' 자괴감과 실망감에 가슴이 미어졌다. 지도교수는 자신감이 넘쳤던 그 필리핀 학생을 지목해 "시험을 잘 치렀다"고 칭찬까지 했다. 이어 석사 과정을 시작하게 될 B학점 학생 명단을 발표했다. 거기에 그 필리핀 학생은 포함됐지만 나는 없었다. 속이 쓰려 왔다. 그런데 발표 맨 마지막에 지도교수가 나를 부르더니 "어떤 식으로 공부했느냐"고 물었다. 솔직하게 대답했다.

"20권의 책에서 50개의 예상 문제를 뽑아 공부했는데 그 가운데 4개가 똑같이 나오고 1개는 비슷하게 출제돼 비교적 쉽게 답안지를 작성했습니다. 그런데 겨우 C 학점이라고 해서 충격이 큽니다."

그러자 지도교수가 내 앞으로 성큼성큼 다가와 어깨를 끌어

안더니 큰 소리로 말했다.

"미스터 정, 당신이 이번 시험 수석입니다. 학점은 A입니다. 미시간주립대는 당신 같이 뛰어난 학생이 들어온 것을 진심으로 환영합니다."

꿈 같은 순간이었다. 그동안의 긴장과 피로가 눈처럼 녹았다. 그 순간 '이건 나의 능력이 아니다. 보이지 않는 손길이 나를 돕고 있다'라는 생각이 머리를 스쳤다. 잠시 눈을 감고 하나님께 감사 기도를 올렸다. 그러면서 '절대로 교만해서는 안 된다'고 다짐하고 또 했다.

미시간주립대가 유학생을 대상으로 혹독한 자격시험을 치른 데는 이유가 있었다. 미국은 '스푸트니크 충격'에서 헤어나려고 안간힘을 쓰고 있었다. 1957년 10월 4일, 소련이 세계 최초로 인공위성 '스푸트니크 1호'를 지구 궤도에 쏘아 올리자 '과학기술은 우리가 세계 최고'라는 미국의 자부심이 일순간에 무너졌다. 그래서 '과학기술 1위'를 회복하려고 미국항공우주국(NASA)을 창설하는 등 과학기술 투자를 대폭 늘렸고 수학·과학교육을 강화했으며 전 세계에서 인재를 모았다. 인재는 철저하게 실력에 따라 대접했다. 그 지독했던 자격시험의 배경이다.

미시간주립대 해너 총장과의
특별한 인연

나는 어려서 특별히 조숙한 편도 아니었다고 하는데, 학교에 들어가서는 남들보다 빨리 성장한 편이다. 경기고등학교 1학년 때 대학입학 자격시험에 수석으로 통과해 고교생활을 1년 만에 끝냈다. 서울대 행정대학원도 1년을 다닌 뒤 유학을 떠나왔다. 미국 미시간주립대학교에서는 자격시험에서 A를 받은 덕분에 석사 과정을 거치지 않고 곧바로 박사 과정에 들어갔다. 이 때문에 나는 고교 졸업장과 석사학위가 없다. 지금 돌아보면 후회되는 부분이 적지 않다.

지금 누군가 월반에 관해 묻는다면 나는 단호히 반대하는 입장이다. 시간을 단축하는 장점이 있지만, 공부와 인간적인 성장이 급하고 설익게 된다는 단점도 무시할 수 없음을 경험을 통해 누구보다 잘 알기 때문이다. 시간을 들여 충분히 익힌 곡식이나 과일이 맛과 향, 그리고 영양분이 뛰어나듯 공부도 시간을 들여서 하는 것이 좋다고 생각한다. 나는 학교에 다니는 동안 공부만 하는 성격은 아니었다. 친구들과 잘 어울리고 교과 외 활동도 활발하게 했다. 하지만 월반하는 바람에 공부 못지않게 중요한 인생 경험을 더 많이 하지 못한 것은 못내 아쉽다.

미시간주립대학교에서 곧바로 박사 과정에 진학하게 된 나는 이번에는 '과정 시작 시험'을 치르게 되었다. 처음에 봤던 자격시험에 비하면 의외로 쉽게 통과했다. 이를 통해 대학 측이 유학생들의 실력을 확인하기 위해 의도적으로 혹독한 자격시험을 치르게 했다는 사실을 확인하게 됐다.

미시간주립대학교에서 존 해너 총장을 만난 것은 인생의 큰 축복이었다. 해너 총장은 학부 중심의 단과대학을 전국적인 종합대학으로 키운 '열정의 교육자'다. 1941년, 그는 39세에 총장에 올라 1969년까지 이 대학 사상 가장 오래인 28년간 자리를 맡으며 학교의 규모와 내실을 함께 키웠다. 이 대학은 1855년 '미시간주 농과대학(Agricultural College of the State of Michigan)'으로 출발했다. 해너 총장 시절인 1955년, 이곳은 종합대학인

'미시간 주립 농업·응용과학대학교(Michigan State University of Agriculture and Applied Science)'로 승격했고, 1964년 미시간주립대학교(Michigan State University)가 되었다.

해너 총장은 열정과 치밀한 전략으로 지역의 농과대학을 '과학기술 두뇌'를 주로 양성하는 연구 중심의 대학으로 재편해 미국 과학기술의 고속성장과 궤를 함께했다. 그 결과 현재 농학·축산학 등 생명과학으로 이름이 높으며 물리학과 원자력공학 분야도 세계 최고 수준을 자랑한다. 연구·개발에 연 5억 달러 이상을 투입한다. 한국도 눈여겨볼 대학 성장 전략이다. 차후 해너 총장은 나는 물론 한국과도 밀접한 인연을 맺게 된다.

23세에 사우스플로리다대 조교수로 부임하자 '소년 교수'라고 주목

1960년 3월, 미국 미시간주립대학교에 도착해 자격시험을 치른 뒤 시작한 물리학과 박사과정은 1963년 3월에 끝났다. 박사 학위 논문 심사를 6개월 만에 통과했다. 만 23세 8개월 때다. 지금은 상상할 수도 없을 정도로 모든 과정이 속성이었다.

박사학위 논문은 분자에너지 구조론을 다룬 〈분자의 구조를 양자역학으로 풀어내는 것에 관한 연구〉였다. 우리 생활에 밀접한 분자인 물이 우주에도 있는지를 확인해 본 이론물리학 논문이다. 그 당시 과학자들이 항상 의문을 갖던 것 중의 하나가 '과연 우주에도 지구처럼 물이 있을까'였다. 우주에 직접 가서 물이 있는지 확인할 수 없으니 과학적인 연구로 규명에 나섰다.

별에서 나오는 빛을 분석하는 간접적인 방법을 동원했다. 우주에 물이 있다면 빛이 물을 통과하면서 어떤 물리학적인 증거를 남겼을 것이기 때문이다. 하지만 논문을 쓸 당시에는 이에 대한 관측이나 실험 데이터가 전혀 없었다. 그래서 이론물리학으로 그 증거를 찾아 '우주에도 물이 있다'는 결론을 내렸다. 그 당시로는 획기적인 연구라는 평가를 들었다.

그 뒤 10년이 지난 1970년대 초, 우주탐사 시대에 과학자들이 '외계에 물이 존재할 수 있는가'라는 난제에 봉착했을 때 내 논문이 이론적 기반을 제공했다. 미국공군연구소에서 관측과 실험을 통해 확인해 봤더니 내 이론이 맞는 것으로 나타났다. 과학자로서 이러한 결과를 듣고 상당히 만족스러웠다.

그러는 동안 인생에 중대한 일이 생겼다. 지금의 아내와 결혼하게 된 것이다. 한국에서 과외를 가르치던 학생의 누나였던 아내는 서울대학교 물리학과 박병소 선배의 6촌 여동생으로, 박 선배가 처음 소개해 준 것을 인연으로 만나게 됐다. 박 선배는 스웨덴으로 유학을 떠나 1968년 웁살라대학교에서 박사학위를 받고 귀국해 서강대학교 물리학과 교수를 지냈다.

내가 미국으로 떠날 때 김포국제공항에 몰래 나와 눈물을 흘렸던 여자 친구는 그새 이화여자대학교 음악대학을 졸업하고 미시간주립대학교로 유학을 왔다. 공부도 속전속결로 했던 나는 결혼식도 그렇게 치렀다. 스물셋의 나이에 미시간주립대가 위치한 도시 랜싱에서 결혼식을 올렸다. 예상하지 못한 하객이 참석했는데 바로 존 해너 미시간주립대학교 총장이었다. 해너 총장은 우리 부부에게 특별한 선물을 주었다.

"미스터 정의 아내에게도 장학금을 주겠네. 다행히 부부가 모두 우리 대학 학생이라 총장인 내가 이런 선물을 줄 수 있네."

해너 총장은 내게 특별장학금을 주어 유학의 길을 열어준 분이자 박사 과정을 공부하는 동안 일일이 보살펴 준 은인이다. 제2의 아버지 같은 분이기도 하다. 해너 총장과의 인연은 오랫동안 지속됐으며 이는 '큰 일'로 이어졌다.

결혼하고 박사학위를 받으니 사우스플로리다대학교에서 조교수로 일해 달라는 연락이 왔다. 내 임용을 다룬 지역 신문 기사의 제목은 이랬다. "소년 교수(Boy Professor)"

1963년, 나는 사우스플로리다대학교 물리학과 조교수로 부임했다. 지금 기준으로는 말할 것도 없고 그 당시 기준으로도 상당히 어린 나이에 대학에서 가르치게 됐다. 학생들보다 나이가 어린 '소년 교수'라며 지역 언론에서 관심을 가지는 것도 당연했다. 어린 나이에 교수를 맡았으니 대학 내에서는 물론 대학도시 안에서도 나름 꽤 유명한 인사가 됐다.

다른 친구들은 군대에 다녀와서 미처 대학 졸업도 못한 나이에 나는 결혼을 하고 박사학위를 받았으며 심지어 대학 조교수까지 됐으니 우쭐한 기분이 들기도 했다. 하지만 그럴수록 중심을 잡으려고 노력했다. 결코 내가 잘난 게 아니라 많은 분이 돌봐주는 덕분이라고 생각했다. 특히 나를 돕는 보이지 않는 손길이 있음을 계속 느꼈다.

프린스턴대 핵융합연구소 구인광고 본 순간
"바로 이거다"

플로리다에서 시작한 교수 생활은 아쉽게도 나를 만족시키지 못했다. 1956년 개교한 사우스플로리다대학교는 당시 야심차게 규모를 키우고 있었다. 강의와 연구를 하고 가족과 윤택하고 안락하게 지내는 측면에서는 괜찮은 자리였다.

하지만 '학생을 가르치는 일에 만족할 순 없어. 여기서 멈출 수는 없어. 미국에 온 이상 공부를 더 해야 하는데…'라는 생각이 자꾸 머리를 맴돌았다. 조국에 기여할 수 있는 공부를 하고 오라는 김법린 원장의 당부가 매일 같이 떠올랐다. 더 깊은 학문에 대한 미련과 함께 유학을 온 본래의 사명을 잊어서는 안된다는 조바심이 나를 안달하게 했다. 대학에 순조롭게 자리 잡고 유명 인사가 됐다는 것만으로 학구열과 조국에 대한 부채감을 덜어낼 수 없었다. 나는 날마다 '하루빨리 따뜻하고 안락한 플로리다를 떠나 어떻게든 미국 과학기술의 핵심부로 진출해야 한다'고 생각했다. 내가 왜 미국에 왔는지를 계속 고민했다. 플로리다에서의 첫 교수 시절은 이렇게 번민 속에서 보냈다. 이는 내 정체성과 사명을 제대로 찾아가는 고민의 시간이었다.

그러던 중 프린스턴대학교 핵융합연구소인 프린스턴 플라스마 물리연구소(Princeton Plasma Physics Laboratory, PPPL)에서 낸 구인광고를 보게 되었다. 젊고 유능한 연구자를 모집한다는 공고였다. 온몸이 전기에 감전된 듯한 느낌이었다. 그도 그럴 것이 핵융합은 내가 가장 관심을 가졌던 학문 분야였다. 핵분열이나 핵융합은 가공할 무기체계인 원자폭탄이나 수소폭탄을 만드는 데 필요한 기술이다. 하지만 이를 잘 활용하면 값싼 청정에너지를 만들어내는 발전 기술이 된다.

오늘날에도 비슷하지만 그 당시에는 그야말로 세계에서 과학기술이 가장 앞선 극소수 선진국만이 관련 기술을 보유하거나 연구 중이었다. 미국 과학기술의 정점에 해당하는 첨단 분야였다. 그곳에 가면 미국의 최고 과학자들과도 어울릴 기회가 많을 게 분명했다. 한국에서 온 젊은 과학자인 내가 이런 분야에서 일할 기회를 얻을 수 있다는 생각에 가슴이 마구 두근거렸다. 플라스마 물리나 핵융합 연구를 해보지 못한 나로서는 원서를 내도 경쟁에서 밀려날 것 같았지만 용기를 내어 나의 박사논문과 그와 관련된 네 편의 논문, 그리고 왜 내가 PPPL에 가고 싶어하는지 이유를 적어 보냈다. 초조한 날이 지나고 며칠 뒤에 PPPL 측에서 연락이 왔다.

세계 최고의 핵융합 시설
'스텔라레이터' 실험팀에 들어가다

프린스턴 플라스마 물리연구소(PPPL)에서 보내온 편지는 합격 통지서였다. 내가 쓴 글이 열정을 품고 있어 인정받았던 것이다. 그렇게 기쁠 수가 없었다. 우리 부부는 뒤돌아보지 않고 얼른 이삿짐을 싸서 프린스턴으로 달려갔다. 플로리다에서 프린스턴으로 이사를 가는 날, 나에게는 꿈과 함께 두려움이 넘쳤다. 1964년의 일이다.

아이비리그 대학인 프린스턴대학교가 자리 잡은 미국 동부 뉴저지주의 프린스턴은 연구·교육의 도시다. 이 도시에 도착하자 중후한 분위기가 물씬 풍겼다. 이런 풍경은 내게 새로운 도전이 시작되었음을 일깨워 주었다. 기대와 흥분 속에서 짐을 풀었다. 프린스턴이라는 도시에서 꿈을 향한 행진을 시작하게 되었고, 결과적으로 이곳에서 아름다운 추억을 수없이 쌓을 수 있었다.

이 도시의 가운데에 자리 잡은 프린스턴대학교는 건국 대통령 이승만 박사가 1910년 국제정치학 박사학위를 받은 곳이다. 민족자결주의를 제창한 우드로 윌슨 대통령(재임 1913~21년)이 이 대학 총장을 지냈으니 한국과 인연이 깊다.

나는 프린스턴 플라스마 물리연구소(PPPL)라는 최고의 연구소에서 핵융합을 연구하는 동안 많은 것을 배웠다. 과학기술자들의 사기와 연구 효율을 높이려면 제대로 된 연구와 평가 시스템이 필수라는 사실을 경험으로 알게 됐다.

내가 이 연구소에 처음 도착해서 가장 놀란 것은 라이먼 스피처 소장을 비롯한 구성원 전체가 자부심에 넘쳤다는 점이다. 핵융합 연구는 세계 선두주자인 우리가 책임지고 한다는 의무감으로 충만했다. 스피처 소장은 고온의 플라스마를 자기장을 이용해 가둬두는 '스텔라레이터(Stellarator)'라는 연구 장비를 개발했다. 이 장비는 PPPL의 자랑이었다. 세계 최고의 핵융합 시설이었던 만큼 그 규모가 어마어마했다. 나는 곧바로 그 실험실에서 배우고 일하고 싶었다. 이론 연구는 어디서나 할 수 있지만 세계 최고가는 실험실이 있는 연구소에 왔는데 그 시설을 이용하여 새로운 과학기술을 개발한다면 얼마나 의미있는 일인가!

나는 실험 물리학자가 아닌 이론 물리학자로 PPPL에 왔지만 일단 합류한 이상 세계 최고의 장비로 실험해 보겠다고 나섰다. 스피처 소장과 토마스 스틱스 실험부장은 나의 이런 열정을 받아들여 스텔라레이터 실험팀에 넣어 주었다. 한국인 최초로 핵융합 실험 연구자가 된 것이다. 이는 20여 년 뒤 과학기술처 장관으로 일하면서 '한국의 태양(K-STAR)'으로 불리는 핵융합 시설의 국내 건설을 김영삼 당시 대통령에게 자신 있게 건의하는 계기가 되었다. 이렇게 미국 과학기술계는 연공서열이나 출신을 따지지 않고 젊은 과학기술자에게 기회를 주었다.

연구의 핵심은 이중수소·삼중수소 등 핵융합 물질을 섭씨 1억 도의 초고열로 가열해 강력한 자장으로 충분한 시간(몇 초) 동안 가둬 놓는 방법을 찾는 일이다. 그렇게 하면 핵융합 반응이 일어나 엄청난 에너지를 얻을 수 있다. 온도가 1억 도나 되면 물질은 고체·액체·기체가 아닌 플라스마라는 상태가 된다. 원자가 깨지고 이를 구성하는 핵과 전자가 뒤범벅된 상태다. 연구의 초점은 '어떻게 물질을 1억 도까지 가열해 플라스마 상태로 만들 수 있는가'와 '그 뜨거운 플라스마를 어떤 형태의 강력한 자장으로 붙잡아 놓고 핵융합을 충분히 일어나게 해서 에너지를 얻을 수 있는가'의 두 가지로 집약된다.

미국 과학의 상징과도 같은 스텔라레이터를 가동해 실험한 경험은 지금 생각해도 감격스럽다. 실험을 기획·실행하는 2개의 연구팀은 이 장치를 하루 16시간 가동했으며 1개의 정비팀은 남은 8시간 동안 실험 준비를 했다. 정비팀에는 경험 많은 돈그로브 박사와 노련한 기능공들이 일했다. A팀과 B팀으로 나뉜 2개의 연구팀은 각각 3~4명의 과학자와 연구 기능원으로 구성됐는데 세계 선두를 다투는 것이니만큼 두 팀의 경쟁이 여간 치열한 것이 아니었다. 거의 매주 새로운 연구결과를 발표했고 그 결과는 논문으로 작성되었다.

A팀 팀장인 요시카와 쇼이치 박사는 일본 도쿄대학교를 졸업하고 매사추세츠공과대학교(MIT)에서 핵융합 연구 선구자인 데이비드 J. 로즈 교수에게 배워 핵융합으로 박사학위를 받은 후 PPPL에 와서 스텔라레이터 실험에 전력투구하고 있었다. 이후 1973년 도쿄대학교 교수로 부임해 갔지만 1976년 다시 프린스턴대학교로 돌아와 연구를 계속하다 2000년 은퇴했다. 핵융

합 연구는 이렇게 장기 투자와 연구, 집념이 필요한 분야다. 요시카와는 프린스턴 핵융합 연구의 '챔피언'이었다. B팀의 신참인 나는 숙명적으로 그와 경쟁에 나섰다.

A팀과 B팀의 핵융합 연구 경쟁은 불꽃 튀듯 했다. 양팀 모두 그야말로 모든 열정을 다해 연구에 몰두했다. 성탄절이나 신년 휴가는 물론 휴일도 거의 없었다. 지금 기준으로는 무지막지한 연구 조건이겠지만, 그때의 우리는 누가 시키지 않아도 그저 연구가 좋아서 신나게 몰두했다.

핵융합 전공도 아니고 실험 경험도 없던 내가 B팀에 소속되어 고참인 요시카와 박사와 경쟁하게 된 것은 청년 과학자에 대한 스틱스 부장의 배려 덕분이었다. B팀 소속인 내가 한국인임이 알려지자 연구소 내에서는 A팀을 일본팀, B팀을 한국팀으로 각각 부르며 '한·일 경쟁'을 유도했다. 연구비 걱정도 없고 시설도 최고이니 경쟁은 더 나은 아이디어 고안에 집중됐다.

물리학자인 나는 다소 엉뚱할 수도 있는 실험 아이디어를 제시하고 이를 실행한 뒤 결과만 보고하면 됐다. 매주 열린 보고회는 실험 결과를 놓고 신랄한 토론을 벌이면서 새로운 연구 아이디어를 노련한 스피처 소장과 스틱스 부장에게 제안하는 자리였다. 실험 아이디어는 누가 제안하든 참신하기만 하면 받아들여졌다. 요시카와 박사와 벌인 학문적 경쟁은 신참인 내게 더할 나위 없는 좋은 기회가 된 것은 물론, 나중에 MIT로 자리를 옮기는 인연으로 이어졌다.

업무 업적은 논문이나 특허 숫자 등 과거 업적이 아니라 획기적 안목이 있는지, 아무도 생각하지 못한 아이디어를 내는지로 평가했다. 20세기 최고의 과학자로 통하는 알베르트 아인슈타인은 평생 4편의 논문만 발표했지만, 그 하나하나가 물리학의 새로운 경지를 개척하고 현대 과학기술 문명을 바꿔 놓았다. 한국에서 과학기술이 발전하고 노벨상 수상자도 나오려면 아이디어의 중요성과 참신성이 장려되는 과학기술 시스템을 운영해야 한다. 그 당시 PPPL에서 배운 점이다. 지금도 그때의 연구 시설과 조건, 작업 등에 대한 기억이 좋은 추억으로 남아 있다.

원폭의 아버지 오펜하이머가 이끌던
프린스턴 고등연구소의 목요 학술세미나

프린스턴대학교는 고등연구소로도 유명
하다. 의학자인 에이브러햄 플렉스너 박사가 뉴저지주의 뉴어
크백화점 경영주인 루이스 뱀버거와 여동생 캐럴라인 뱀버거
폴드의 기부를 받아 1930년에 세운 연구기관이다. 기업인의 기
부가 순수 과학 분야 두뇌들이 강의 부담이나 연구비 걱정 없이
첨단 학문을 연구할 수 있게 해주어 미국의 과학기술 발전에 크
게 기여한 경우다.

독일에 나치 정권이 들어서자 미국으로 망명한 알베르트 아
인슈타인 박사는 프린스턴 고등연구소에서 만년을 지내며 통
일장 이론의 완성을 위해 연구했다. 헝가리 출신 수학자 존 폰
노이만 박사도 이곳에서 양자역학과 현대 컴퓨터 개발을 위한

획기적인 연구를 수행했다. 미국 외교관이자 역사학자로 냉전 시대 소련에 대한 봉쇄 정책을 주장했던 조지 캐넌도 1950년대 초, 18개월간 고등연구소에 머물렀다. 그는 소련 공산정권이 80년 이상은 지탱하지 못할 것이라고 정확히 예측해 '현자'로 불렸다.

원자폭탄의 아버지로 불리는 로버트 오펜하이머 박사는 프린스턴 고등연구소장(1947~66년)을 맡으면서 매주 목요일마다

프린스턴 고등연구소 주 건물인 풀드 홀

학술세미나를 열었다. 최고의 과학자로 이뤄진 미국 과학기술 중심부의 모습을 볼 수 있는 곳이었다. 나는 PPPL에서 일하면서 고등연구소의 목요일 정기 학술세미나에 참석했다.

좌장인 오펜하이머 박사가 입에 파이프를 문 채 들어서면 세미나가 시작되었다. 강연이 끝나면 오펜하이머를 시작으로 질의응답이 진행됐다. 그의 날카로운 질문은 좌중을 압도했다. 세계 최고 수준의 과학자들을 더욱 강하게 단련하는 과정이었다. 프린스턴 고등연구소의 목요 세미나는 과학자의 자세에 대해 많은 것을 생각하게 했으며, 특히 로버트 오펜하이머 박사를 통해 나는 '과학자 윤리'와 '핵의 평화적 이용'에 대한 신념을 확고하게 심게 되었다. 오펜하이머의 치열한 삶은 과학자들에게 많은 교훈을 주고 있었다.

오펜하이머 박사는 과학 윤리를 논할 때 빠질 수 없는 인물이다. 이론물리학자로 버클리캘리포니아대학교 교수였던 그는 제2차 세계대전 중 뉴멕시코주의 로스앨러모스국립연구소 소장을 지내면서 원자폭탄을 개발하는 '맨해튼 프로젝트'의 이론적 주도자 역할을 했다.

그는 뉴욕에서 태어났으며 부친은 19세기 말 독일에서 미국으로 이민 온 유대인 직물업자였다. 오펜하이머는 하버드대학교 화학과를 3년 만에 최우등으로 졸업하고 23세 때 독일 괴팅겐대학교에서 이론물리학으로 박사학위를 받았다. 그의 박사 과정을 지도한 막스 보른 교수는 유대인으로 1930년대 나치가 집권하면서 프랑크푸르트대학교 교수직에서 쫓겨나자 영국으로 망명한 인물이다. 스코틀랜드 에든버러대학교 교수로 일하다 1954년 노벨물리학상을 새 조국인 영국에 안겼다.

원자폭탄을 개발한 오펜하이머는 1945년 7월 16일 미국 뉴멕시코주 사막에서 이뤄진 세계 최초의 원폭 폭발 실험인 '트리니티 작전' 현장에서 그 위력을 목격하면서 생각을 바꿨다. 핵무기는 인류 생존을 위협하기 때문에 제거해야 한다는 확신을 갖게 됐다. 그래서 냉전이 본격화한 1950년, 미 정부가 원폭보다 더욱 강력한 수소폭탄을 개발하려 하자 이에 반대했다. 그것이 과학자의 윤리라고 믿었기 때문이다.

원자폭탄은 우라늄이나 플루토늄처럼 질량수가 큰 원소의 원자핵이 중성자와 충돌해 보다 가벼운 2개의 원자핵으로 쪼개지는 핵분열 반응을 이용한다. 수소폭탄은 핵분열과 반대로 2개의 원자핵이 부딪혀 더욱 무거운 하나의 원자핵으로 변환하는 핵융합 반응을 활용한다. 핵융합을 일으키려면 엄청난 고압과 고열이 필요한데 이를 얻기 위해 수소폭탄은 원자폭탄을 뇌관으로 쓴다. 수폭이 얼마나 무서운지를 알려주는 대목이다.

오펜하이머는 수소폭탄과 관련한 문제로 동료 물리학자인 에드워드 텔러와 크게 다투었다. 텔러 역시 유대인으로 독일에서 연구하다 나치의 압박으로 미국으로 탈출한 인물이다. 맨해튼 계획에 참여했고 수소폭탄 개발을 강력히 주장해 '수폭의 아버지'로 불렸다. 텔러와 상반된 방식으로 나라에 충성하기로 결심한 오펜하이머는 이 때문에 미 하원의 비미활동위원회(Committee on Un-American Activities)에 불려가고 공직도 맡지 못하는 등 곤욕을 치렀다. 그런데도 고등연구소의 목요 학술세미나에는 반드시 참석했다.

이 세미나에 참석하며 오펜하이머의 말과 행동을 가까이에서 지켜본 것은 아직도 생생한 기억으로 남아 있다. 프린스턴 플라스마 물리연구소(PPPL)에서 핵융합을 연구하던 나는 그와 만나면서 '원자력의 평화적 이용'에 대한 신념을 굳히게 됐다.

이런 프린스턴 생활에서 나는 두 가지를 꿈꾸게 됐다. 언젠가 조국인 대한민국에 고등과학원을 설립해 최첨단 이론 연구의

장을 만들겠다는 것이 그 하나다. 핵융합 연구 중심센터도 세워 후배 과학자들이 장기적으로 실험을 진행하며 세계 연구의 최첨단에 서게 하겠다는 결심도 다졌다.

프린스턴에서의 꿈은 서울 홍릉 과학단지에서 이론과학의 최첨단 연구소로 발전 중인 고등과학원(KIAS)과, 대덕에 설립돼 이미 상당한 성과를 낸 국가핵융합연구소(NFRI, 현재 한국핵융합에너지연구원)로 실현됐다. 1994~96년에 두 번째로 과학기술처 장관에 재직할 때 뚝심 있게 추진한 결과다. 이렇게 과학기술에 대한 연구투자를 꾸준히 하면 과학 분야 최고로 인정받는 수학의 필즈상이나 물리학·화학·생리의학의 노벨상도 나올 것으로 기대한다. 또 그 어려운 핵융합의 길을 대덕에서 일하는 젊은 과학자들이 끝내 이룰 것으로 믿는다.

이처럼 프린스턴은 명실상부한 미국 지성의 중심지였다. 이곳에서 나는 과학 연구에 비로소 눈뜰 수 있었으며 지적 호기심도 채울 수 있었다. 그야말로 과학 연구의 즐거움을 만끽했다.

무선통신을 산업으로 키운 마르코니,
숱한 문명의 이기와 거대한 관련 산업 만들다

프린스턴대학교에서 핵융합을 연구하는 동
안 과학기술과 산업의 관계를 깊이 생각할 기회가 있었다. 로
버트 오펜하이머 박사가 목요 학술세미나를 열었던 프린스턴
고등연구소와 내가 연구했던 프린스턴 플라스마 물리연구소
(PPPL)를 오갈 때마다 지났던 RCA(Radio Corporation of America)
라는 전자회사에서 영감을 받았다.

주변에 물으니 RCA는 세계 최초로 장거리 무선통신 상용화
를 이룬, 이탈리아의 전기공학자이자 기업인인 굴리엘모 마르
코니가 1919년 미국에 세운 회사라고 했다. 마르코니는 물리학
연구 업적인 무선통신을 산업으로 키웠다. 독일 물리학자 하인
리히 헤르츠가 1888년 전파를 발견하자, 마르코니는 1894년 상

용화 연구에 들어가 1901년 대서양을 건너는 무선통신에 성공함으로 신시대를 열었다.

헤르츠는 주파수 단위인 '헤르츠'에 이름을 남겼지만, 마르코니는 통신기기·라디오·텔레비전 등 전파를 이용하는 숱한 문명의 이기와 거대한 관련 산업을 인류에 선사했다. 마르코니는 수많은 일자리도 제공했다. 과학기술 연구성과가 인류의 삶을 바꾼 것은 물론, 상용화·산업화가 일자리 만들기로 이어진 이 사례는 과학기술 연구개발의 중요성을 일깨워준다.

1901년 세계 최초로 대서양을 건너는 무선통신을 시연하는 마르코니

1909년, 마르코니는 무선통신을 학문적으로 연구한 독일 물리학자 카를 브라운과 노벨물리학상을 공동 수상했다. 노벨상은 연구실·실험실뿐 아니라 산업 현장에서도 나온다는 사실을 잘 보여준다. 브라운은 텔레비전의 기술 개발에도 공헌한 인물인데, 텔레비전·컴퓨터 등의 모니터로 사용했던 브라운관은 그의 이름을 딴 것이다. RCA는 라디오·텔레비전·진공관·축음기·음반 등을 생산하다 1986년 제너럴일렉트릭에 흡수됐다.

　　그 당시 프린스턴에서 매주 RCA 앞을 지나던 나는 과학기술이야말로 산업과 일자리의 원천이라는 생각을 하게 됐다.

천재 물리학자
이휘소 박사와의 교류

프린스턴 시절은 내가 과학자로서 성장하는 발판이 됐다. 학문보다 더욱 중요한 것이 사람이다. 나는 미국 과학 연구의 심장부인 그곳에서 참으로 많은 사람을 만나고 교류하며 인간사에 대해 많이 배웠다. 그중에서도 가장 잊을 수 없는 사람을 꼽으라면 단연 고교 선배인 이휘소 박사다. 이 박사는 내 형님과 경기고등학교 동기동창이자 가까운 친구였다. 서울대학교 화학공학과에 재학하던 시절부터 워낙 '천재'로 유명해서 익히 그의 이름을 알고 있었다.

이 박사는 1947년 경기중학교에 입학했으며 6·25전쟁으로 부산에서 피난학교에 다니다 대학입학 검정고시에 합격했다. 1952년 부산 대신동의 전시연합대학에 속해 있던 서울대학교

공과대학 화학공학과에 수석으로 입학했다. 서울로 돌아와 수업을 받으면서 물리학에 흥미를 느껴 물리학과로 전과를 시도했지만 여의치 않았다. 마침 한국전 참전 미군장교부인회의 장학생으로 뽑혀 미국으로 유학을 떠나면서 비로소 물리학을 마음껏 공부할 수 있게 되었다.

미국에서 물리학을 공부하면서 그는 단연 두각을 나타냈다. 1955년 1월 미국 오하이오주의 주립대인 마이애미대학교 물리학과에 편입해 1년 6개월 만인 1956년 6월 최우등으로 졸업했다. 물리학과 학과장의 추천으로 피츠버그대학교 석사과정에 들어가 1958년에 마쳤다. 피츠버그대학교에서는 원자핵 이론을 강의하던 시드니 메슈코프 교수의 추천으로 아이비리그 대학인 펜실베이니아대학교(유펜) 박사과정에 진학해 1961년 학위를 받았다.

이휘소 박사는 펜실베이니아대학교의 에이브러햄 클라인 교수와 공동으로 연구하였고 박사 논문을 마치자마자 파격적으로 이 대학 교수가 됐다. 1년 동안 프린스턴 고등연구소에서 연구하다 펜실베이니아대학교로 돌아갔지만, 고등연구소의 목요 학술세미나에는 자주 참석해 만날 수 있었다. 펜실베이니아대학교가 있는 필라델피아에서 프린스턴까지는 자동차로 1시간 30분 정도였으니 먼 거리는 아니었다.

이 박사는 1962년 영어 이름이 마리안인 말레이시아계 화교 출신 심문칭(沈曼菁)과 결혼해 아들 제프리와 딸 아이린을 두었다. 이 박사의 어머니인 박순희 여사는 서울 종암동에서 자애의원을 운영하던 의사였는데, 아들을 만나러 가끔 미국에 오면 우리 집을 찾아 함께 식사하곤 했다. 아들 친구의 동생 집이고 그 당시 미국에는 한국인 가정도 많지 않았기에 자연스럽게 우리 집을 찾으셨다. 그런데 그분의 며느리는 김치 냄새에 익숙하지 않았다. 지금이야 김치가 세계인의 인기 식품이지만 그때는 그렇지 못했다. 이 때문에 이 박사의 어머니는 아들과 함께 우리 집에 찾아와 내 아내가 차린 한식을 참으로 맛있게 드셨다. 식사하면서 흡족해하던 그분들의 모습이 지금도 눈에 선하다. 이 박사와의 좋은 인연이다.

소립자 물리학자인 이휘소 박사는 생전에 미국의 수많은 대학에서 교수 자리를 제안받았다. 프린스턴대학교, 매사추세츠공과대학교(MIT), 시카고대학교, 캘리포니아공과대학(칼텍) 등 하나같이 명문이다. 1961년 펜실베이니아대학교에서 박사학위를 받고 교수로 재직하던 그는 1965년 스토니브룩 뉴욕주립대학교로 옮겼다. 미국에서 활동하던 중국 출신의 물리학자로, 중국인 최초로 노벨물리학상을 받은 양전닝 프린스턴 고등연구소 교수가 스토니브룩 뉴욕주립대학교에 알베르트 아인슈타인 석좌교수로 가면서 그를 초빙해서다. 1971년에는 칼텍에서 몇 개월간 교환교수로도 일했다.

그 무렵 귀국해 한국과학원(KAIS) 부원장을 맡고 있던 나는 '물리학 여름학교' 개최 문제로 이 박사와 연락했다. 한국 물리학의 지평을 넓히자는 취지의 행사였다. 이 박사는 1968년 미국 국적을 얻었지만 한국의 과학 발전에 도움을 주고 싶어 했다. 그래서 참석을 부탁했는데 의논하기 위해 여러 차례 편지가 오갔다.

이 과정에서 이 박사가 당시 한국 정부의 위수령 발동과 학생운동 탄압을 심각하게 우려한다는 사실을 알게 됐다. 1971년, 한국은 정치 소용돌이에 휘말려 있었다. 4월 27일 제7대 대통령 선거에서 박정희 민주공화당 후보와 김대중 신민당 후보가 격돌했는데 각각 53.2%와 45.2%를 득표했다. 박 후보의 당선이 선포되자 야당을 중심으로 부정선거 의혹이 제기되었고 대학생들은 규탄시위를 벌였다. 정부는 10월 15일, 서울 일원에 위수령을 발동하고 무장군인들을 대학에 보냈다. 위수령은 지역과 시설 보호를 이유로 군 병력을 민간인 시설에 출동시킬 수 있는 권한으로, 2018년 9월에 폐지되었다.

이런 상황을 지켜보던 이 박사는 "한국의 과학발전을 돕고 싶지만, 위수령 발동과 학생운동 탄압 등 민주주의 원칙을 무시하는 처사에 실망했다"며 "물리학 여름학교 계획을 없던 일로 하자"는 내용의 편지를 보내왔다. 책임 있는 일을 맡을 경우 행여나 독재정권과 그 억압 정책을 지지하는 것으로 비칠까 봐 염려한 것이다. 정권과 국민을 분리해서 생각하여 한국의 과학 발전을 도와야 한다는 나의 설득도 소용없었다. 이것이 그와의 마지막 연락이었다. 이 박사는 1977년 6월, 미국에서 교통사고를 당해 42세로 세상을 떠났다.

이 박사의 갑작스러운 사고와 관련해 그가 박정희 대통령과 손잡고 핵무기 개발을 시도하다 살해됐다는 일부의 억측이 있다. 하지만 내가 아는 이 박사는 오히려 "핵무기는 언젠가는 없어져야 한다"고 강조한 비핵화 신봉자였다. 더구나 개발도상국의 독재정권이 가난한 국민은 내버려 두고 엄청난 비용을 들여 핵무기를 개발하는 것 자체를 강하게 비난했다.

그런 이 박사가 자신이 독재정권으로 생각한 박정희 대통령의 핵무기 보유 시도에 협조했을 가능성은 전혀 없어 보인다. 게다가 그의 전공은 소립자 물리학으로 핵무기는커녕 원자력과도 거리가 멀다. 물리학이라고 다 같은 게 아니다. 갑작스러운 교통사고로 세상을 떠났다는 너무도 안타까운 사실이 이런 황당한 상상을 불렀는지도 모른다.

CHAPTER 3

무엇을 배우고 돌아가
조국 발전에 어떻게
도움이 될 것인가

MIT에서
'플라스마 난류'를 연구하다

미국 프린스턴 플라스마 물리연구소(PPPL)에서 핵융합 실험에 몰두하던 어느 날, 예기치 않은 초청을 받았다. 매사추세츠공과대학교(MIT) 핵공학과의 핵융합 연구책임자인 데이비드 로즈 교수와 함께 일할 기회였다. 로즈 교수는 연구실을 활성화할 젊은 교수를 찾는데, PPPL에 있던 그의 제자 요시카와 쇼이치 박사가 그에게 나를 추천했다. 요시카와가 나를 찾아와 "MIT 연구교수로 가면 어떻겠냐"고 물었을 때 솔직히 놀랐지만, 경쟁 과정에서 실력을 인정받은 것 같아 기뻤다. 2년간의 PPPL 연구는 나의 '박사후 연구과정'이 됐다.

핵융합 연구의 지도자로 불렸던 로즈 교수의 연구실을 맡아 '플라스마 난류(Plasma Turbulence) 연구'라는 분야를 개척하자고 한 제안은 매력적이었다. 플라스마 난류는 핵융합을 위해 반드시 극복해야 할 과제다. 핵융합 반응을 일으키려면 고온의 플라스마를 자기장을 이용해 가둬야 한다. 이때 플라스마 중심부는 섭씨 1억 도지만 가장자리는 1,000도에 불과해 전체가 불안정하다. 핵융합을 위해서는 불안정 상태를 유지해야 하지만 플라스마는 안정 상태가 되고자 난류를 일으킨다. 그래서 난류 억제는 핵융합 효율을 높이는 열쇠다.

데이비드 로즈 교수는 캐나다에서 태어나 1942~45년 포병 장교로 제2차 세계대전에 참전했다가 종전 뒤 브리티시 컬럼비아대학교에서 공업물리학을 전공했다. 1950년 MIT에서 물리학으로 박사학위를 받고 벨연구소에서 일하다 1958년 MIT에 합류했다.

MIT는 응용과학과 공학 분야에서 세계 최고의 대학 아닌가. 이런 MIT의 교수로서 로즈 박사와 함께 연구·교육 경험을 쌓으면 훗날 조국 발전에 기여할 수 있겠다는 생각이 들었다. 나는 제안을 흔쾌히 승낙하고 매사추세츠주 보스턴 근처에 있는 도시인 케임브리지로 향했다. 케임브리지는 MIT와 하버드대학교가 함께 있는 도시다.

세계 최고 공대로 평가받는 매사추세츠공과대학교(MIT)

　사실 내가 MIT로 향한 배경에는 또 다른 공부 욕심이 자리 잡고 있었다. 서울대학교 행정대학원에 다닐 때 하버드대학교 행정대학원 박사과정에 원서를 내고 입학허가서를 받았다. 하지만 장학금을 얻지 못해 단념하고 미시간주립대학교 장학생으로 물리학을 공부하러 떠났다. MIT 교수로 일하다 보면 근처 하버드대 행정대학원에서 공부할 기회도 올 것 같았다. 세계적인 공공정책대학원인 이 학교는 1966년 명칭을 존 F. 케네디 대통령의 이름을 따서 '하버드 케네디 스쿨'로 바꾸었다.

　그 당시 나는 이미 세 아이의 아빠였다. 사우스플로리다대학교로 돌아가면 부교수 자리에 연봉도 MIT의 2배 이상 받을 수 있었다. 그런 상황에서 MIT 교수 경험과 하버드 행정대학원 수강이라는 기대감 속에 케임브리지로 간 것은 가족을 고려하지 않은 자기중심적 결정일 수 있다. 그런데도 나를 따라준 아내에게 지금도 감사하고 아이들에게는 미안함을 느낀다. '하나의 밀알이 땅에 떨어져 썩지 않으면 큰 나무가 자랄 수 없다'는 김법린 원장의 충고는 항상 머릿속에서 맴돌고 있었다.

MIT에서 날 키워준 로즈 교수, 방한 3개월 뒤 세상 떠나

1966년 매사추세츠공과대학교(MIT) 핵공학과의 핵융합연구실에 도착하니 데이비드 로즈 주임교수가 반갑게 맞았다. 이 분야 선구자인 로즈 교수의 지도를 받으며 차원 높은 핵융합 연구에 매진할 생각을 하니 가슴이 뛰었다. 그는 연구교수로 처음 출근한 내게 이렇게 말했다.

"정 박사, 여기는 당신의 연구실이오. 자료며 기계며 모든 것을 자유롭게 이용해 마음껏 연구하시오."

그러더니 내게 연구실 운영을 완전히 일임하고 자율권을 주었다. 덕분에 나는 아무런 간섭이나 지시도 받지 않고 마음껏 최첨단 연구를 진행할 수 있었다. 과학자로서 엄청난 기회였다. 나는 신뢰를 보여준 로즈 교수를 위해 맡은 일을 책임지고 처리했을 뿐 아니라 최대한 머리를 짜서 아이디어를 내지 않을 수 없었다. 자율이 주인의식을 낳고, 주인의식은 생산성을 높였다. 과학연구 효율을 높이는 연쇄반응이다.

로즈 교수는 내가 일생에 만난 사람 중 가장 두뇌가 명석한 '천재 과학자'였을 뿐 아니라 용인술과 인재 양성에도 탁월했다. MIT에서 핵융합 분야를 이끌 두뇌를 수없이 길러냈다. 문제는 과로로 건강이 좋지 않았으며 특히 천식으로 고생했다는 점이다. 몸이 허약해지자 핵융합을 담당하는 플라스마 물리학 교실에서 연구와 박사 과정 학생들의 지도를 도맡을 후계자를 물색했는데 요시카와 쇼이치 박사의 추천으로 나를 만난 것이다.

로즈 교수는 돌아가실 때까지 내 후원자였다. 미국과학재단(NSF)과 원자력위원회에 나를 추천해 원하는 연구를 진행할 연구비를 받게 도와준 은인이다. 수많은 학술회의에 나를 추천해 발표자 등으로 참석할 수 있게 해준 것은 물론, 미국 정부의 주요 인사나 과학계 거물을 만날 때면 꼭 나를 대동했다. 그 덕분에 교류의 폭이 확 넓어졌다. 학회 등을 통해 그 당시 소련 과학자들과도 친분을 맺게 됐다. 나는 로즈 교수로부터 과학자를 키우는 방식을 배웠다.

로즈 교수 밑에서 핵융합을 연구하면서 다시 한 번 느끼고 깨달은 점이 있다. 미국의 힘은 미래를 내다보는 과학기술 연구개발에서 나온다는 사실이다. 로즈 교수와 함께 연구하던 핵융합은 사실 50년이 지나야 활용할 수 있을까 말까 하는 먼 미래의 기술이다. 하지만 초일류 국가를 지향하는 미국 지도자들은 미래를 개척할 연구·교육의 중요성을 깨닫고 투자를 아끼지 않았다. 앞서가려면 먼저 투자하고 끈질기게 기다려야 한다.

로즈 교수는 1985년 '태평양 연안국 원자력 회의' 참석차 방한해 기조 강연을 했는데, 한국 방문을 그렇게 기뻐할 수가 없었다. 천식 때문에 산소통을 달고 다니면서도 혼신의 힘을 다해 돌아다니고 활동하던 모습을 잊을 수 없다. 로즈 교수는 이 행사에 참석한 지 불과 3개월 만에 세상을 떠났다. 로즈 교수는 에너지 정책 분야에서도 활약했는데 플라스마 물리학 교실을 물려받은 리처드 레스터 교수가 이 역할도 이어받았다. 레스터 교수는 현재 미국 정부의 에너지 정책 자문으로 활동하면서 MIT 부총장도 맡고 있다.

강대국 미국이 과학기술 정책을
세우고 집행하는 법

매사추세츠공과대학교(MIT)에 근무하는 동안 나는 미국이 과학기술 정책을 어떻게 세우고 집행하기에 강대국이 될 수 있었는지를 배우겠다는 오랜 꿈을 실천에 옮겼다. MIT와 같은 도시에 있는 하버드대학교 행정대학원에서 신설한 '과학기술 정책과정'에 등록했다. 과학기술 행정의 이론과 실제 정책을 배우고 토론하며 미래를 구상하는 최고경영자과정(AMP)이었다.

나를 포함한 등록생 35명은 이미 각계에서 활동 중이어서 교육은 금요일 오후와 토요일에 이뤄졌다. 공부하겠다는 굳은 의지가 없으면 계속 다니기 어려웠다. MIT 교수라는 위치와 하버드 과학기술 정책과정의 학생을 양립했던 나는 한동안 개인 생활을 포기하다시피 할 수밖에 없었다. 그런데도 미국을 넘어 세계의 과학기술 정책들을 두루 배우고 훗날 많은 도움을 받게 되는 동료와 친구를 사귈 수 있었기에 보람도 컸다.

수강생 중에는 보스턴의 매사추세츠종합병원(MGH) 병원장도 있었는데, 그는 과정이 끝나기도 전에 미국보건교육복지부(HEW) 장관으로 발탁됐다. 원자력위원회(AEC) 위원이나 미국과학재단(NSF) 간부로 임명된 사람도 있었다. 인맥을 넓히고 미국 과학기술 행정을 파악하는 데 이보다 좋은 곳이 없었다.

이 과정은 하버드대학교의 도널드 프라이스 행정대학원 원장과 하비 브룩스 응용과학대학 학장이 공동으로 만들었다. 프라이스 원장은 밴더빌트대학교와 영국 옥스퍼드대학교에서 공부한 정치학자로 미 행정부의 예산국·국방부를 거쳐 포드재단에서 부회장으로 일했으며, 1958년 설립된 하버드 행정대학원의 초대원장이 됐다. 이 대학원은 내가 들어간 그해에 명칭을 '하버드 케네디 스쿨'로 바꾸었으며 프라이스는 다시 초대원장이 되어 1976년 은퇴할 때까지 자리를 맡았다.

예일대학교를 졸업하고 하버드대학교에서 물리학으로 박사학위를 받은 브룩스 교수는 과학기술과 국가정책을 접목한 개척자였다. 국가과학자문위원회 위원으로 드와이트 아이젠하워(재임 1953~61년), 케네디(재임 1961~63년), 린든 존슨(재임 1963~69년)의 세 대통령을 모시며 미국 과학기술 정책의 토대를 다졌다. 전공인 물리학 연구도 게을리하지 않아 반도체 이론과 금속의 띠 구조론 등 기초 분야에서 상당한 과학적 업적을 쌓았다. 학생 지도와 수업도 잘했다. 브룩스 교수는 재기 넘치는 물리학 강의로 하버드대학교의 전설로 남았다. 제자 중 5명이 노벨상을 받았는데 모두 놀라운 아이디어가 넘치는 브룩스 교수의 강의에서 영감을 얻었다고 고백했다.

브룩스의 사례를 보면 교육은 지식 전수를 넘어 학생이 영감이나 감동을 주는 학자나 멘토를 만나 새로운 학문적 경지와 인격을 열어가는 여정이다. 오늘날 한국 교육은 지식 전수와 시험 준비가 중심이라고 하니 안타까울 따름이다. 한국이 진정한 초일류 사회와 세계를 이끄는 지도 국가가 되려면 스승과 제자들의 창조적 탐구 정신이 듬뿍 쌓이고 인격 함양이 중심이 되는 참교육을 시행해야 한다.

인재를 찾고 키우고 지속적으로 후원하는
미국 과학기술계

하버드대학교 행정대학원의 과학기술 정책 과정에 다니면서 나는 재미와 보람을 동시에 느낄 수 있었다. 과거 서울대학교 행정대학원에서 신나게 공부하던 일이 저절로 떠올랐다. 이 과정을 수료하면서 제출한 논문의 제목이 〈후진국에서의 두뇌 유출을 막는 정책 수단〉이었다. 세계 각국에서 미국으로 유학 온 인재들이 왜 공부를 마친 뒤 조국으로 돌아가지 않고 미국에 남는가가 문제의식의 출발이었다. 미국의 앞선 과학기술을 배운 인재들이 귀국해 조국 발전을 위해 이바지할 수 있는 방법을 논한 논문이었다. 평소 내가 관심을 가진 주제였고, 나 자신에게도 끊임없이 되풀이해서 질문하던 문제였다. 무엇을 배우고 돌아가서 어떻게 조국 발전에 보탬이 될 것인가 하는 문제가 미국 유학 시절 내 최대 화두였기 때문이다. 이 논문은 나중에 한국에 큰 도움을 주게 된다.

　미국에서 만난 과학기술계 지도자들의 공통적인 특징의 하나도 바로 이러한 인재 양성에 대한 투자였다. 앞서 만났던 미시간 주립대의 존 해너 총장이나 프린스턴 플라스마 물리연구소(PPPL)의 라이먼 스피처 소장과 토마스 스틱스 실험부장, 매사추세츠공과대학교(MIT) 핵융합연구실의 데이비드 로즈 교수는 한결같이 인재 양성에 주력하는 모습이었다. 이들의 공통점은 모두 인재를 찾고, 찾은 인재를 길렀으며, 그 인재가 역량을 발휘할 수 있도록 격려와 후원을 아끼지 않았다는 사실이다.

　MIT의 로즈 교수는 특히 헌신적이었다. MIT 졸업생들이 미국 과학기술계를 위해 헌신할 수 있는 것은 그와 같은 훌륭한 스승들이 있기 때문일 것이다. 이를 온몸으로 느낄 기회가 있었다. MIT에서는 매년 봄 뜻깊은 학술발표회를 연다. 대학 소속의 각 연구소·연구실·학과에서 지난 1년 동안의 연구 업적을 정리해 발표한다. 대학 관계자는 물론 정부기관·연구소와 다른 대학의 교무·연구 책임자들도 찾아와 MIT의 과학기술 연구결과를 듣고 연구자들과 직접 토론도 한다.

로즈 교수는 우리 연구팀 대표 발표자로 나를 지명했다. 발표 자리에는 뉴욕공과대학(Polytechnic Institute of New York)의 아서 올리너 전기물리학 주임교수가 있었다. 뉴욕공과대학은 전기물리와 초단파 전자기학 분야에서 명성이 높았다. 발표가 끝나자 그는 내게 자기 학교에서 강의를 한번 해달라고 부탁했다.

뉴욕공과대학에서 강의를 마쳤을 때, 대학 측에서 부교수와 연구소장직을 함께 제의했다. 연봉도 MIT의 2배이고 평생 근무를 보장하는 영년 교수(Tenure)도 될 수 있는 너무나 좋은 조건이었다. 특히 연구소가 미국과학재단의 특별 연구비를 이미 확보했기 때문에 연구에만 전념할 수 있다는 점이 매력적이었다. 엄청난 기회였다. 나는 제의를 수락하고 1967년 9월, 뉴욕공과대학의 전기물리학과 부교수로 새로운 생활을 시작했다. 만 27세 9개월의 나이였다. 이 과정에서 로즈 교수에 대한 놀라운 이야기를 들었다.

뉴욕공과대학 웨버 교수,
독일군 U보트 잡는 탐지기 개발

1967년 9월, 전기물리학과 부교수로 부임한 뉴욕공과대학(Polytechnic Institute of New York)은 뉴욕시 브루클린과 롱아일랜드 파밍데일에 캠퍼스를 둔 연구 중심의 이공대학이다. 뉴욕대학교(NYU)와 통합하면서 지금은 '뉴욕대학교 탠던공과대학(New York University Tandon School of Engineering)'이 되었다.

전기물리학과에는 웨버 교수나 나를 스카웃한 아서 올리너 교수 외에도 뛰어난 과학기술자가 즐비했다. 27세의 나이에 불과한 내가 유수한 대학의 부교수가 될 수 있었던 이유를 알고는 놀라지 않을 수 없었다. 바로 데이비드 로즈 MIT 교수의 적극적인 추천이었다. 로즈 교수 밑에서 겨우 15개월을 머물렀을 뿐인

데, 핵융합연구실에서는 연구를 전폭적으로 지원하더니 자리를 옮길 때는 적극적으로 추천해 준 것이다. 어린 나이에 미국에서 다양한 경험을 쌓을 수 있었던 것은 이처럼 고맙고 훌륭한 분을 많이 만난 덕분이었다. 아울러 과학기술 발전의 핵심은 결국 인재를 발굴하고 키우는 일이란 사실도 절감했다.

나는 이런 깨달음을 실천에 옮겼다. 미국은 물론 한국에서 찾아오는 수많은 과학기술 인재를 제대로 가르치고 지원하는 일에 몰두했다. 미국과학재단이 대학에 지원한 우수연구센터 연구자금을 바탕으로 핵융합을 연구할 플라스마연구소를 세우고 소장을 맡았는데 미국원자력위원회의 연구비로 연구를 계속할 수 있었다. 뉴욕은 나는 물론 제자들에게도 기회의 땅이 됐다.

내가 속했던 전기물리학과는 미국의 과학기술 혁신을 이끌어온 전통 있는 학과다. 학과를 이끈 어니스트 웨버 교수는 오스트리아 빈 출신의 전기공학자로 '초단파(마이크로파) 연구 개척자'로 명성이 높다. 초단파는 레이더·위성통신·위성방송·이동통신 등 정보통신 시대에 필수적인 문명 이기다. 그가 설립한 초단파연구소(MSI)는 그 공로를 기려 '웨버 초단파연구소'로 불린다.

이러한 연구 성과를 바탕으로 그는 제2차 세계대전 기간에 '군용 레이더 개발자'로도 활약했다. 초기 레이더는 성능이 신통치 않았다. 웨버 교수와 연구진은 이를 끊임없이 개량해 독일 U보트(잠수함)나 전투기를 탐지하는 수준으로 만들었다. 과학기술자들의 집념·끈기·사명감이 기술 혁신을 이루고 승전을 이룬 사례다. 웨버 교수는 이 공로로 1948년 해리 트루먼 대통령으로부터 대통령 표창장을 받았다. 그때 이 대학의 동문인 존 트럼프 매사추세츠공과대학교(MIT) 전자공학과 교수도 함께 수상했다. 그는 도널드 트럼프 미국 대통령의 삼촌으로 제2차 세계대전 중 레이더 개발에 참여했다. MIT에서 박사학위를 받고 1936년부터 73년까지 교수로 일했다.

웨버 교수는 과학기술인의 위상을 높이는 데도 헌신했다. 1963년 창립된 국제 엔지니어 조직인 국제전기전자공학회(IEEE)의 초대회장을 맡았고, 1964년 출범한 미국공학한림원(NAE)의 발기인으로도 참여했다. 내게 큰 영감을 준 인물이다.

'과학기술이 곧 국력'이라는
국민 동의가 이루어진 미국

제2차 세계대전 초기에 고전을 겪어야 했던 미국 정부는 레이더와 같은 전자무기를 개발하여 위협적인 나치독일의 U보트 잠수함을 격퇴시켰고, 집요한 일본군의 태평양전쟁을 맨해튼 프로젝트의 성공으로 개발된 원자탄 2발로 종식시킬 수 있었기 때문에 '과학기술력이 곧 국력'이라는 개념에 국민의 동의가 이루어져 있었다. 배너바 부시 MIT 교수는 과학기술의 가능성을 알고 1945년에 〈과학, 그 끝없는 프론티어〉라는 보고서를 프랭클린 루즈벨트 대통령에게 제출하여 과학이 경제 성장뿐만 아니라 공공보건, 국방안보 등을 발전시킨다는 확신을 미국 조야에 심어 주었다. '사회 속의 과학기술'의 중요성을 강조하고 나아가 국가가 과학기술 발전에 체계적인 지원을 해야 한다는 점을 강조하였다.

냉전 시대의 군비 경쟁은 많은 선진국의 과학기술 정책을 촉진시켰으며 한편 국가와 사회 발전을 위해서는 과학기술에 대한 국가의 투자가 절대적으로 필요함을 역설하였다. 미국에서는 국방과학기술 연구를 위하여 민·군 합동 연구사업들이 추진되었고 해군연구소(ONR), 공군과학연구소(AFOSR), 육군연구청(Army Research Office)들이 활발히 운영되었을 뿐만 아니라 BASE 사업이라 해서 주요 과학 및 공학대학에 대규모 연구지원을 하고 고등연구계획국(DARPA)이라는 연구개발 부서를 운영하여 현대 과학기술 전쟁 능력에 총력을 다하였다.

미국과 냉전을 전개했던 소련이 미국의 경제력을 따라가지 못해 결국 소련 해체라는 과정을 겪게 되었다는 것은 역사적 사실이다. 우주전쟁(Star Wars) 준비를 도저히 감당하지 못한 소련은 1980년대 말 소비에트 시스템이 붕괴되었고 냉전의 시대가 종결되었다.

배너바 부시 박사의 보고서로 인해 미국과학재단(National Science Foundation, NSF)이 설립되었고, 미국과학재단은 미국의 다른 행정조직과 달리 운영의 독립성을 보장받았다. 국가과학위원회(National Science Board)의 정책 결정 안에서 과학기술 최고 전문가들이 정치적이거나 관료의 간섭 없이 연구사업을 기획하고 집행할 수 있는 제도적 장치를 마련하여 미국의 과학기술능력의 최고 적정화를 이룩하여 온 것이다. 미국과학재단의 분야별 책임자들은 각 대학에서 학과장 또는 학장을 지낸 학자들이 많아 유능한 과학기술자나 새로운 연구개발 아이디어를 판단하는 일에 이미 많은 경험을 한 전문가들이고, 이들이 자기의 임기가 끝나면 다시 대학이나 연구기관으로 돌아가 자신의 전문성을 계속 발휘하게 한 것이다.

나는 차후에 미국과학재단에서 고위직을 맡아 일하면서 미국이 어떻게 최고의 과학기술 능력을 유지하고 발전시킬 수 있는지 알게 되었고, 이 경험이 후에 귀국하여 우리나라 과학기술 정책을 결정하고 행정을 해나갈 수 있는 토대가 되었다.

미국 기밀 프로젝트 맡은 뉴욕공과대학,
레이건의 '스타워즈' 중심지로

뉴욕공과대학에서 교수로 일하면서 참으로 여러 가지를 보고 배웠다. 그중 하나가 '산학협력의 시너지'이다. 대학이 자리 잡은 뉴욕시는 인구도 많고 이곳에서 다양한 기업이 번창했다. 특히 롱아일랜드 캠퍼스 근처에 핵·고에너지 물리학을 중점적으로 연구하는 브룩헤이븐국립연구소와 함께 수많은 산업 연구소가 몰려 있었다.

그런 환경 속에서 뉴욕공과대학은 다양한 신규 대학원 전공이나 산학협력 과정을 체계적으로 개발했다. 월스트리트에서 일하는 금융 전문인들을 위해 수학·공학·경제학 등을 융합한 새로운 개념의 '파이낸셜 엔지니어링(Financial Engineering·금융공학)' 과정을 개설한 것이 대표적이다. 자연과학이 뉴욕의 주요 산업인 금융과 결합해 시너지를 낳았다. 산학협력은 산업과 대학 모두에 도움이 되었다. 대학이 상아탑에서 벗어나 현장과 소통하고 새로운 흐름을 연구에 반영한 것이다. 그렇게 진화하는 과정을 지켜보며 많은 영감을 얻었다.

뉴욕공과대학에서 얻은 또 다른 깨달음은 '평화를 지키는 과학기술의 힘'이다. 나는 이곳에 핵융합연구소를 신설해 관련 연구를 진행하면서 미국 국방부의 최첨단 무기체제를 연구개발하는 프로젝트에도 참여할 수 있었다. 모든 연구가 미국의 국가기밀로 나를 포함한 연구자 전원이 최고의 보안을 요구받고 서약까지 했다.

이 연구소는 내가 떠난 뒤인 1980년대 로널드 레이건 대통령 시절(재임 1981~89년) 미국이 소련의 핵미사일 위협에 대응하기 위해 진행했던 '스타워즈(Star Wars)', 즉 '전략방위구상(SDI)'의 중심지가 됐다. 레이건 대통령은 국가 방어와 국민 보호를 위해 소련보다 우위에 있던 과학기술을 제대로 활용할 줄 알았다. 과학기술을 앞세운 레이건의 공세는 소련이 1991년 몰락한 계기를 만든 것으로 평가받는다.

이전의 미국은 소련의 핵 위협 앞에 핵전력 보강으로 대응하고 있었다. 핵 보복이 두려워 소련이 감히 핵 선제공격을 하지 못할 것이라는 '억지 이론'에 입각한 수동적 대처다. 레이건은 생각이 달랐다. 소련이 핵탄두를 적재한 대륙간탄도탄(ICBM)으로 미국을 공격해도 저 멀리 우주 공간에서 미리 파괴해 버리는 능동적 방어체계를 마련했다.

1985년, 미국은 초고속으로 비행하는 우주왕복선을 지상 발사 레이저 광선으로 명중시키는 실험에 성공했다. 게다가 날아오는 핵미사일을 인공위성으로 파괴하는 '헌터 킬러 위성'과 '우주 기뢰' 개발에도 나섰다.

소련은 뒤늦게 핵무기를 공격 목표지 상공에서 터뜨려 강력한 전자기파(EMP)를 발생시킨 후 미국의 SDI 장비를 마비시키는 대응책을 마련했다. 하지만 소련은 과학기술 역량과 인력에서 월등한 미국을 따라잡을 수 없었다. 뱁새가 황새를 따라가려다 가랑이가 찢어지는 형국이었다. 미국의 SDI는 공산주의 자체의 모순으로 이미 무너져 가던 소련의 붕괴 시기를 앞당긴 것이라 생각한다. 과학기술을 제대로 이해하고 활용할 줄 아는 지도자가 평화를 지키고 새 시대를 개척할 수 있다고 믿는다.

뉴욕공과대학 나의 첫 박사 제자는
동갑내기 대만계, 당수 10단

나는 '과학기술은 곧 인재양성'이라고 믿는다. 내 인생의 확고한 신념이다. 1963년 박사학위를 취득한 뒤부터 현재까지 60여 년간 미국과 한국에서 교수 직함을 놓지 않은 이유다. 지금도 한국과학기술원(KAIST)과 아주대학교의 석좌교수를 맡고 있는 건 바로 이 일이 내 일생의 소명이라는 믿음 때문이다.

뉴욕공과대학에서 일하면서 가장 보람을 느낀 부분도 바로 이공계 인재 육성이다. 과학기술자이자 교육자로서 가장 많이 신경 쓴 부분이기도 하다. 미국과학재단과 원자력위원회에서 받은 연구비 덕분에 많은 대학원생에게 충분한 연구 기회를 줄 수 있었다. 이를 통해 학생들을 능력 있는 과학자로 키울 수 있었던 것은 교육자로서 보람이다. 거기에 더해 수많은 한국 학생에게도 장학금을 주면서 미국 유학의 길을 터 줄 수 있었다. 이는 한국인 교육자로서 나의 긍지다.

KAIST 전기전자공학과 '1호 교수'인 나정웅 전 광주과학기술원(GIST) 원장, 은희준 전 한국표준과학연구원(KRISS) 원장, 김성년 전 한국원자력연구원 원장, 신상영 전 KAIST 부총장, 양승택 전 정보통신부 장관, 이수영 KAIST 인공지능연구소 소장, 명정수 전 유한대학교 총장을 비롯한 쟁쟁한 과학기술 인재들이 뉴욕공과대학에서 공부하고 귀국했다. 미국에서 충실하게 공부하고 한국으로 돌아온 이들은 초기의 열악한 연구 조건을 탓하지 않고 의지와 열정으로 이 땅의 과학기술을 세계적인 수준으로 높이는 데 기여했다. 이들의 헌신적인 연구·교육은 한국에서 산업을 일으키고 경제를 발전시키는 데 결정적인 힘이 됐다.

1969년부터 71년까지 뉴욕공과대학에서 조교수로 가르치고 연구했던 심상철 박사는 KAIST 교수로 귀국해 한국의 과학자들을 길렀고 원장으로도 봉사했다. 심 원장은 전주고등학교와 서울대학교 화학과를 수석으로 졸업하고 미국 캘리포니아공과대학(칼텍)에서 유기화학으로 박사학위를 받았다.

미국에서 만난 인재들은 내 인생의 조력자이기도 했다. 뉴욕
공과대학에서 새로운 핵융합연구소를 만드는 작업은 쉽지 않
았다. 동료 교수들의 적극적인 응원과, 미국과 한국 등 각국에
서 온 우수한 학생들의 도움이 있었기에 가능했던 일이다. 과학
기술 발전은 여러 사람의 협력이 필수임을 온몸으로 깨달았다.

뉴욕공과대학에서 나의 첫 박사학위 제자는 대만 출신의 황
광쯔(黃廣志) 박사다. 그는 내 연구실에 들어와 새로운 플라스마
장치를 개발했고, 1970년 박사학위를 받은 뒤 귀국했다. 대만
에서는 국립자오퉁(交通)대학교와 국립중산(中山)대학교 교수로
일하다 1992~2001년 국립 가오슝(高雄)응용과학기술대학교 총
장을 지냈다. 그는 대만 최고의 당수도 선수로 나중에 10단까지
올랐다고 한다. 말 그대로 문무를 겸비한 인재다. 황 박사는 동
갑인 나를 스승으로 깍듯이 대우했다.

이처럼 뉴욕공과대학에서 일에 파묻혀 지내던 1969년 초,
〈뉴욕타임스〉를 읽다가 깜짝 놀랄 기사와 마주쳤다. 내 운명의
물줄기를 돌린 소식이었다. 한국 과학기술계의 방향을 바꾼 변
곡점이기도 하다.

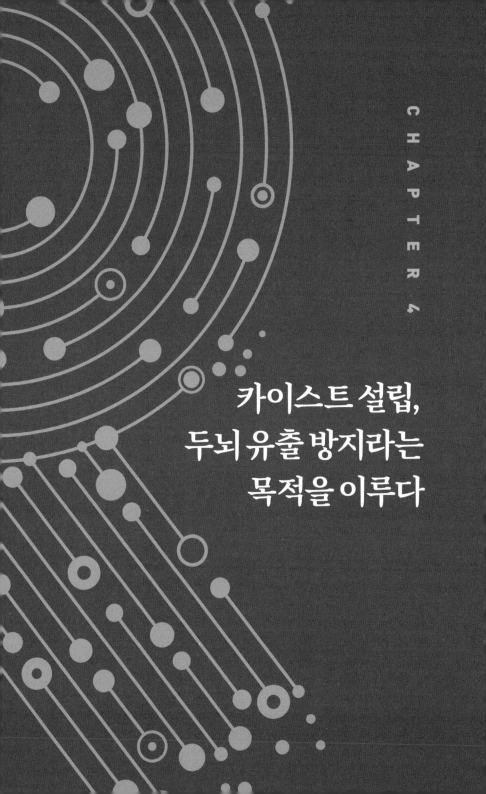

CHAPTER 4

카이스트 설립,
두뇌 유출 방지라는
목적을 이루다

물자 지원 대신 인재 육성 나선 미국,
박정희에게 '과학대학원' 제안

뉴욕공과대학에서 교수로 일하던 1969년 1월, 〈뉴욕타임스〉에서 접한 운명의 뉴스는 존 해너 미시간주립대학교 총장이 미국국제개발처(USAID) 처장을 맡았다는 내용이었다. 내게 장학금을 주었고 멘토로서 보살펴 주셨던 그분이다. 1969년 1월 취임한 공화당의 리처드 닉슨 대통령(재임 1969~74년)이 그에게 이 자리를 맡겼다. 군사를 제외한 대외원조를 총괄하는 이 연방정부 조직은 그 당시 대통령 직속기관이었다.

〈뉴욕타임스〉 신문은 해너 처장이 취임사에서 "후진국(나중에 개발도상국으로 순화)에 물고기를 주는 대신 낚시 방법을 가르치겠다(Instead of giving fish, we will teach them how to fish)"라고 말했다고 보도했다. 대외 원조 정책의 방향이 '물자 지원'에서 '인재 육성'으로 바뀐다는 의미다.

기사를 읽는 순간 하버드대학교 행정대학원의 과학기술 정책과정에 다니면서 썼던 〈후진국에서의 두뇌 유출을 막는 정책 수단〉이라는 논문이 떠올랐다. 미국에 유학한 각국의 과학기술 인재들이 귀국해 조국 발전에 기여할 방법을 고민한 논문이었다. 핵심은 미국 원조기금으로 각국에 과학기술 연구·교육 기관을 세우면 두뇌 유출을 막는 것은 물론 과학기술 발전도 도모할 수 있다는 것이었다. 이들이 양성한 인력을 산업 발전에도 활용할 수 있다. 물자에서 인재로 무게 중심을 바꾼 미국 원조를 이보다 더 적극적으로 활용할 방법은 없어 보였다. 뉴욕공과대학에서 한국인 제자를 가르치면서도 이런 생각을 많이 하던 터였다.

나는 이 논문을 찾아 들고 워싱턴의 미국국제개발처(USAID) 처장실을 찾았다. 오랜만에 옛 제자를 만나 반가워하던 해너 박사는 이 논문을 보고 무척 만족해했다. 그는 "논문을 USAID 사업을 위한 사업계획서로 고쳐 써서 달라"라고 부탁했다. 그래서 논문을 바탕으로 〈한국에 응용과학 및 공학 전문대학원을 설립하는 안건〉이라는 사업 제안서를 만들어 USAID에 넘겼다. 해너 처장은 한국의 박정희 대통령에게 새로운 이공계 특수대학원 설립을 권고하는 편지와 함께 이 제안서를 보냈다.

해너 처장의 지시를 받은 주한 USAID의 존 휴스턴 단장은 김학렬 경제부총리 겸 경제기획원 장관을 만났다. 그는 영문 60쪽 분량의 '과학기술 특수대학원 설립 제안서'를 전달하고 한국이 사업 추진을 결정하면 USAID가 적극적으로 지원하겠다는 의사를 밝혔다.

1970년 3월, 나는 김기형 과학기술처 초대장관의 초청으로 일시 귀국했다. 귀국의 기쁨도 잠시, 제안서와 관련해 당정 협의회에 보고할 브리핑 자료를 당장 만들어야 했다. 경제기획원 대회의실에서 열린 회의에는 박정희 대통령과 윤치영 공화당 의장, 백남억 공화당 정책의장, 길전식 공화당 사무총장 등 쟁쟁한 정치인이 참석했다. 김학렬 부총리, 남덕우 재무부 장관, 홍종철 문교부 장관, 김기형 과학기술처 장관 등 경제 부처의 수장들도 함께했다. 이제 주사위는 던져졌고 나는 루비콘 강을 건넜다.

한국과학원(현 KAIST) 설립을 교육 예산이 아닌 경제개발 특별예산으로 추진

1970년 4월 열린 당정협의회에서 내가 작성한 특수대학원 설립안이 상정되었다. 박정희 대통령과 공화당 지도부, 장관들을 상대로 하는 브리핑이라 긴장할 수밖에 없었다. 하버드대학교에서 썼던 논문의 내용대로 이공계 특수대학원 설립은 인재의 해외 유출을 막고 과학기술 인력을 꾸준히 양성할 수 있는 최선의 방안이라고 역설했다. 산업을 일으키려면 과학기술 발전이 필수이며, 이를 위해서는 인재 양성이 핵심이라고 강조했다.

내 보고가 끝나자 박정희 대통령이 좌중을 둘러보며 의견을 물었다. 그런데 교육을 책임지는 홍종철 문교부 장관이 강하게 반대하고 나섰다. 큰 문제이던 대학생 시위가 겨우 가라앉은 상황에서 이공계 특수대학원 설립은 교수들이 반대하고 대학에서 들고일어날 가능성이 커서 안 된다는 주장이었다. 홍 장관은 5·16쿠데타의 핵심 세력인 육군사관학교 8기 출신으로 초대대통령경호실장과 문화공보부 장관을 지낸, 이른바 '혁명 주체 세력'의 한 사람이었다. 그러한 홍 장관의 반대는 좌중을 압도했으며 회의 분위기는 일순간 싸늘해졌다.

나는 손에서 땀이 났다. 이때 박 대통령이 다시 말문을 열고 "이 중에 대학을 잘 아는 남 박사의 의견은 어떤가"라고 물었다. 박 대통령이 남 박사라고 부른 인물은 서강대학교 경제학과 교수 출신인 남덕우 재무부 장관이다. 공이 홍 장관에서 남 장관으로 넘어간 셈이다. 박 대통령의 질문에 차분하고 또렷한 말투로 대답하던 남 장관의 모습이 지금도 기억에 선하다.

"문교부 장관님의 걱정은 타당하지만, 대통령께서 추진하시려는 산업 발전을 이루려면 인재가 절대 필요합니다. 문교부의 반대가 심하니 이공계 특수대학원은 문교부 예산으로 추진하지 마시고 경제개발 특별예산으로 추진하시면 될 것 같습니다."

이공계 특수대학원을 설립하되 문교부에는 일을 맡기지 않는 절묘한 해법이었다. 시대적 타당성과 대통령의 의중, 타 부처의 반대를 모두 고려한 해결책이 아닐 수 없다. 흔히 대립적인 사안을 다룰 때 사람들은 '해야 하는 이유'와 '하면 안 되는 이유'로 나뉘어 설전을 벌인다. 이럴 경우 토론이 대개 평행선을 그릴 수밖에 없다. 하지만 남덕우 장관은 무의미한 논쟁을 벌이는 대신 '일이 되도록 만드는 방법'을 고민해 해결 방안을 내놓은 것이다. 40대의 대학교수이던 그가 1969년 경제과학심의위원을 거쳐 재무부 장관에 발탁된 이유를 알 수 있었다. 남 장관은 재무부 장관에 이어 1974~78년에는 부총리 겸 경제기획원 장관을 맡아 '한강의 기적'을 이끈 핵심 경제 관료로 1980~82년 국무총리도 지냈다.

남 장관이 발언하는 동안 박 대통령이 고개를 끄덕이는 모습을 볼 수 있었다. 마음속으로 결정을 내리는 듯했다. 이윽고 박 대통령은 단호한 말투로 "이 특수대학원 설립은 문교부가 아닌 과학기술처가 맡아서 추진하시오"라고 지시했다. 나중에 한국과학기술원(KAIST)이 되는 한국과학원(KAIS) 설립이 결정되는 순간이었다.

국민 소득 257달러의 대한민국에서 시작된
'과학기술 입국'의 꿈

1970년 4월 박정희 대통령이 참석한 당정협의회에서 남덕우 재무부 장관의 절묘한 해법 제시로 통과된 한국과학원(KAIS, 현 KAIST) 설립안은 그 뒤 일사천리로 추진됐다. 그해 4월, 정부의 경제과학 심의위원회가 한국과학원 설립을 확정했고, 과학기술처가 마련한 '한국과학원법'은 국무회의를 거쳐 7월 16일 국회를 통과하고 8월 7일 시행에 들어갔다.

이토록 신속한 의사결정과 업무처리는 그 당시 김학렬 부총리 겸 경제기획원 장관(재임 1969~72년)의 지원과 김기형 과학기술처 초대장관(재임 1967~71년)의 적극적인 노력 덕분이라고 할 수 있다. 김학렬 부총리는 부산상업학교와 일본 주오(中央)대학교 출신으로 1950년 제1회 고등고시에 합격해 재무부 장관과 청와대 경제수석비서관, 경제기획원 장관을 지냈다. 경제개발 5개년 계획을 입안하고 '한강의 기적'을 이끈, 경제 관료를 대표하는 인물이다.

김기형 장관은 서울대학교 공과대학 화학공학과를 마치고 1961년 미국 펜실베이니아주립대학교에서 공학박사학위를 받았다. 대구대학교(현 영남대학교)와 경희대학교 교수, 국제대학교(현 서경대학교) 학장을 맡아 후학을 양성했다. 80~90년대 한국과학기술진흥재단과 KAIST의 이사장, 한국과학기술한림원 부원장을 맡아 헌신했다.

한국과학원 설립은 1970년 1인당 국민소득 257달러의 대한민국에서 '과학기술 입국'을 본격적으로 시작한 사건이라고 평가한다. 과학기술 입국은 가난에서 벗어나겠다는 국민, 부강한 나라를 만들겠다는 관료, 그리고 과학기술인의 염원과 의지가 합쳐진 것이라 믿는다.

이런 과정이 진행되는 동안 뉴욕공과대학으로 돌아가 있던 나는 미국국제개발처(USAID)의 요청으로 석 달 뒤 다시 귀국했다. 오리건대학교 대학원장 출신의 도널드 베네딕트 박사와 함께 한국과학원 설립 타당성을 조사하기 위한 선발대였다. 공교롭게도 도착한 날이 한국과학원법이 국회를 통과한 바로 다음 날이었다. USAID가 지원 타당성 조사를 시작하기도 전에 한국 정부와 국회는 한국과학원 설립을 위한 사전 정지작업을 말끔히 마무리했다. 한마디로 한국이 먼저 의지를 보인 셈이다.

그로부터 약 한 달 뒤인 8월 중순에는 USAID 조사단 본진이 한국을 방문했다. 한국과학원 설립 가능성을 검토하고, 필요한 자문을 하기 위한 조사가 목적이었다. 조사단에는 쟁쟁한 인물

한국과학원 설립 타당성 조사를 위해 입국한 미국국제개발처(USAID)의 프레데릭 터만 박사와 프랭클린 롱 박사를 영접하는 이재철 과학기술처 차관과 정근모 박사

이 포함됐다. 단장인 프레데릭 터만 스탠퍼드대학교 부총장과 조사단원인 토머스 마틴 서던메소디스트대학교 부총장은 전자공학자였다. 마틴은 그 뒤 1974년부터 87년까지 13년 동안 시카고에 있는 일리노이공과대학(IIT) 총장을 지내기도 했다. 화학자로 미국 군비규제 및 군축청 부청장, 코넬대학교 부총장을 역임한 프랭클린 롱 박사도 동행했다.

가장 주목할 인물은 터만 단장이다. 그는 나중에 '실리콘밸리의 아버지'로 불리면서 혁신의 아이콘으로 통한 엔지니어이자 과학기술 교육·행정 전문가였다. 한국 과학기술계에 혁신의 바람이 불기 시작했다.

한국과학원 설립 타당성 조사 위해
미국 과학기술계 최고의 인물들 파견

미국국제개발처(USAID)가 한국과학원(KAIS)
설립 타당성을 알아보기 위해 파견한 조사단의 프레데릭 터만
단장에 대해 자세히 거론하지 않을 수 없다. 과학기술과 혁신,
창의력이 어떻게 한 나라의 국력을 키우고 국민에게 일자리를
제공하는지 보여주는 생생한 사례이기 때문이다.

터만 단장은 미국 혁신의 역사에서 빼놓을 수 없는 인물로,
스탠퍼드대학교를 세계적 명문 학교로 육성하는 데 일조했으
며 전자공학 분야에서는 전설 같은 존재다. 그의 선친 루이스
터만은 스탠퍼드대학교 교수로 일한 교육심리학자로 지능(IQ)
검사를 개발해 부자가 모두 과학기술사에서 족적을 남겼다.

스탠퍼드대학교 화학과를 마친 그는 전자공학으로 전공을

바꿔 모교에서 석사학위를, 매사추세츠공과대학교(MIT)에서 박사학위를 각각 받았다. 스탠퍼드대학교 공과대학 교수로 돌아온 뒤 자신이 개발한 진공관·회로·계기장치 관련 산학협력 연구 과정을 운영해 정부와 기업체의 연구비를 집중적으로 받아 대학을 키울 수 있었다. 제2차 세계대전 중에는 하버드대학교에서 적의 레이더를 무력화할 수 있는 장치를 개발하기도 했다.

제2차 세계대전 뒤 스탠퍼드대학교에서 공대학장과 교무부총장을 지내던 그는 산학협력의 모델을 만들었다. 그의 제자인 빌 휴렛과 데이비드 팩커드는 미국 정보기술(IT) 기업의 효시인 휴렛팩커드(현재 HP)를 1939년 공동 창업했다. 터만 단장은 1951년에는 스탠퍼드대학교 부지에 '인더스트리얼 파크'를 만들어 휴렛팩커드, 이스트먼 코닥, 제너럴 일렉트릭, 록히드사 같은 당대의 하이테크 기업을 입주시키기도 했다. 이곳은 세계 IT 산업의 중심인 실리콘밸리의 발상지가 됐다. 그를 실리콘밸리의 아버지라고 부르는 이유다.

터만 단장은 내게는 과학기술자이자 인생 선배로서 많은 조언을 해준 소중한 멘토 중 한 명이다. 과학기술을 어떻게 산업 발전과 경제 개발로 연결할 수 있는지에 대한 영감을 주었을 뿐만 아니라 엔지니어의 자부심을 온몸으로 보여주기도 했다.

조사단 중 주목할 또 다른 인물이 코넬대학교 연구담당 부총장인 프랭클린 롱 교수다. 리처드 닉슨 대통령이 미국과학재단 총재로 지명했던 화학 분야의 거물이었다. 제2차 세계대전 중 미국 원자탄 개발을 이끈 맨해튼 프로젝트에서 화학 분야를 맡았다. 이 경험을 바탕으로 그는 과학기술자의 도덕성과 사회적 책임을 강조했다. 그러면서 '과학기술과 사회', '과학기술을 개발도상국 발전에 활용하는 방법' 등도 연구했다. 조사단원 하나하나가 그야말로 미국 과학기술계 최고의 인물이었다. 한국과학원은 한국과 미국의 이런 지대한 관심 속에 출생증명서를 받을 수 있었다.

나는 그 당시 30세의 새파란 뉴욕공과대학 부교수였지만 한국과학원 설립을 최초 제안했고 기초 보고서를 USAID 및 한국 정부에 제출한 인연 때문에 조사단 선발 대원의 일원으로 한국에 파견되었다.

과학기술처 관료들은 밤낮없이 뛰고, 미국은 한국과학원에 600만 달러를 원조

1970년 대한민국에 과학기술 특수대학원 설립을 위한 지원 방안을 타진한 미국국제개발처(USAID)는 원조 타당성 조사단 5인을 그해 7월과 8월에 나눠 순차적으로 파견했다. 8월 한국에 도착한 조사단 본진은 선발대가 작성한 중간보고서를 꼼꼼히 검토한 뒤 이를 승인하고 김기형 과학기술처 장관에게 제출했다.

과학기술 특수대학원인 한국과학원(KAIS) 설립 방안을 적극 지지하고 450만 달러의 재정을 지원하겠다는 내용이 핵심이었다. 전문가 지원, 실험실 설립 계획 마련, 주미 연락조정실 운영을 비롯한 실무 건의도 담았다. 내가 제안했던 학과 구성과 교과과정 내용, 학교 건물 배치 방안도 중간보고서에 포함됐다.

한국과학원의 설립 타당성 조사를 수행했던 미국국제개발처(USAID) 전문가팀.
앞줄 왼쪽부터 굿 리치 USAID 국장, 도널드 베니딕트 박사, 토마스 마틴 박사, 프레데릭
터만 박사, 김기형 박사, 프랭클린 롱 박사, 정근모 박사. 뒷줄 왼쪽부터 조경목 진흥과장,
권원기 인력개발관, 김형기 연구조정관, 이응선 진흥국장.

나는 조사단 간사로서 자료 조사와 보고서 작성을 맡았다. 한국
과학원은 애초 경기도 수원 부근의 약 33만 m^2(당시 표기로 100만
평) 부지에 자리 잡기로 했다. 학생 전원에게 기숙사를, 교수들
에게는 주거단지를 제공하도록 제안했다. 하지만 부지는 최종
적으론 대덕으로 변경됐다.

　원활한 프로젝트 진행을 위해 과학기술처의 엘리트 공무원
들은 그야말로 밤낮으로 최선을 다해 일했다. 김기형 장관의 지

휘 아래 이재철 차관, 이응선 진흥국장, 권원기 인력개발관, 김형기 연구조정관, 조경목 진흥과장이 바로 그 주역들이다. 한국의 과학기술계는 이들의 노고를 잊지 말아야 한다.

이들은 그 뒤로도 대한민국의 과학기술·경제·교육을 위해 땀을 흘렸다. 이재철 차관은 1967~71년 과학기술처 초대차관을 거쳐 1971~76년 교통부 차관까지 지냈다. 그 뒤 1976~81년 인하대학교부터 1982~84년 국민대학교, 1987~89년 중앙대학교까지 3개 대학의 총장을 지냈다. 이 차관은 일제강점기에 일본에서 교토제국대학교에 다니다 학병으로 징집돼 중국 전선으로 파견되자 탈출해 광복군에 합류했다고 한다. 해방 뒤 서울대학교 법과대학을 마치고 외교부에서 근무했으며 영남대학교·경북대학교 교수를 하다 다시 공직에 들어갔다.

이응선 진흥국장은 경기고등학교와 서울대학교 공과대학 건축학과 출신으로 1979~82년 과학기술처 차관을 지냈다. 13·15대 지역구 국회의원으로도 활약했다. 김형기 연구조정관은 과학기술처 국제협력국장·기술협력국장을 거쳐 1980년 문교부 차관을 지냈다. 조경목 진흥과장은 경기고등학교와 서울대학교 공과대학 전기공학과 출신으로 1983~85년 과학기술처 차관으

로 활동하고 12·13대 전국구 국회의원을 지냈다. 권원기 인력
개발관은 1985~88년 과학기술처 차관으로 활약했다. 결과적으
로 과학기술 정책을 담당하던 최고의 인재들이 한국과학원 설
립을 행정적으로 뒷받침한 셈이다.

USAID의 존 해너 처장은 중간보고서를 바탕으로 1970년 9
월 중순 박정희 대통령에게 애초 제안한 액수보다 많은 600만
달러의 원조자금 지원을 약속했다. 한국과학원은 이처럼 한·미
과학기술 협력의 매개체가 됐다. 이제 조사단장 프레데릭 터만
박사가 주도하는 최종보고서만 남았다.

터만 단장이 한국과학원 설립을 위한
최종 보고서 작성을 의뢰하다

미국국제개발처(USAID)의 프레데릭 터만 조사단장은 1970년 8월 한국과학원(KAIS) 설립을 위한 중간보고서를 바탕으로 프랭클린 롱 코넬대학교 교수에게 최종보고서의 초안 작성을 의뢰했다. 그런데 롱 박사가 뉴욕에서 교통사고를 당해 3개월간 입원하게 되었다. 그의 자리를 대신 맡은 토마스 마틴 서던메소디스트대학교 부총장은 심장마비를 일으켜 입원했다. 결국 도널드 베네딕트 오리건대학교 대학원장이 일을 맡아 두 달에 걸쳐 500쪽짜리 초안을 작성했다. 터만 단장이 이를 50쪽 내외로 줄이라고 하자 베네딕트 박사는 고집을 부렸다.

결국 터만 단장은 최종보고서를 새로 작성하기로 하고 내게 전화했다. 나는 뉴욕공과대학에서 밀린 업무를 처리하느라 한창 바쁠 때였다.

"정 박사, 새 초안 작성을 맡아주게. 처음부터 자네에게 부탁했어야 했는데 객관성을 유지하려고 다른 분들에게 의뢰했던 것이니 이해해 주게. 초고를 만들면 내가 문장을 검토하겠네."

아무리 바빠도 대한민국을 위한 일이니까 해야 한다는 생각에 제안을 받아들였다. 우선 제1장을 완성해 보냈더니 일주일 뒤 여기저기가 새빨간 글씨로 수정돼 돌아왔다. 낙담하고 있는데 그가 먼저 전화를 걸어왔다.

"자네 원고를 임의로 수정했다고 실망하지 말게. 글의 아이디어는 정 박사 것 그대로이고, 나는 사람들이 편히 읽을 수 있도록 영어 문장만 고쳤을 뿐일세. 그러니 이제 제2장을 써서 보내주기 바라네."

그의 전화에 마음을 푼 나는 보고서 작성을 이어나갔다. 각 장을 작성해 보내면 그는 빨간 펜으로 수정해 다시 보내곤 했다. 드디어 마지막 결론 부분을 보내고 '이제 그의 빨간 글씨를 한 번만 더 보면 끝난다'라고 생각하며 후련해했다 그런데 며칠 뒤 돌려받은 결론 부분을 아무리 살펴봐도 수정한 곳이 한 군데도 없었다. 이번에는 내가 먼저 전화를 걸었다.

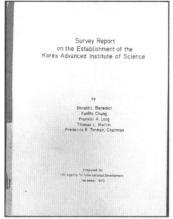
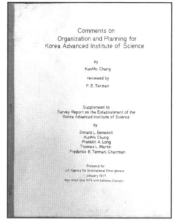

터만 보고서(USAID에 제출된 최종 보고서)　KAIS의 운영 조직을 다룬 부록

"터만 박사님. 제 글에 고칠 곳이 있는 것 같은데 이번에는 피곤하셨는지 수정하지 않으셨더군요."

이 말에 터만 박사는 크게 웃었다.

"정 박사, 자네의 보고서가 모두 완벽한 영어 문장으로 이뤄지면 사람들은 이를 내가 썼다고 생각하지 않겠나. 한국식 영어가 남아 있어야 자네가 썼다는 것을 알게 될 걸세. 결론 부분에 남아 있는 한국식 영어는 자네의 서명이라 할 수 있어 초고대로 놔두기로 했네."

나는 만 70세 노교수의 배려와 정직성에 진심으로 감복했다. 생각해 보면 이는 프린스턴·MIT·하버드 등에서 경험한 원로 교수들의 공통점이기도 했다. 후배나 제자의 연구나 논문 작성을 정성껏 돌보면서도 그 업적에 자신의 이름을 함부로 올리지 않는 정직성이다.

1970년 12월, USAID에 제출된 최종보고서는 단장 이름을 붙여 '터만 보고서'로 불린다. 나는 한국과학원의 운영·조직을 다룬 부록을 작성해 1971년 1월 제출했다. 나의 단독 저작물로 기록된 이 부록은 터만 교수의 감수를 거쳐 한국과학원 운영지침서가 됐다.

한국과학원 초대원장으로 이상수 박사, 초대부원장으로는 내가 임명

미국국제개발처(USAID)에 '터만 보고서'가 제출된 지 두 달 뒤인 1971년 2월 16일, 한국과학원(KAIS)은 7개 학과, 9개 전공을 갖추고 서울 홍릉에 문을 열었다. 설립 목적을 '산업발전을 위해 필요로 하는 과학기술 분야에 관한 심오한 이론과 실제적인 응용력을 갖춘 자를 양성하는 것'으로 명시했다. 달리 말하면 '산업·경제 발전을 이끌 과학기술 인재 양성'이다. 스탠퍼드대학교 부총장과 공대 학장을 지내면서 산업에 활용되는 연구·개발을 중시했던 '실리콘밸리의 아버지' 프레데릭 터만 단장의 철학이 반영되었다.

한국과학원 초대원장에는 물리학자인 이상수 박사가, 초대 부원장에는 설립 구상 초기부터 관여한 내가 각각 임명됐다. 이

원장은 서울대학교에서 물리학을 전공하고 영국 임페리얼칼리지에서 박사학위를 받았다. 광학 물리학자로 한국의 레이저 과학을 개척했다. 이화여자대학교 교수와 원자력연구소 소장, 원자력청장으로 일하다 한국과학원 원장을 맡아 과학기술 행정가로 활약했다. 이듬해 3월까지 원장으로 일하며 초창기 교수진 유치에 힘을 기울였다. 그 뒤 한국과학원 물리학과 교수로 활발한 연구 활동을 했으며 1989~91년 한국과학기술원(KAIST) 원장을 맡아 캠퍼스의 대덕 이전을 지휘했다. 한국과학원(KAIS)은 연구 기능만 있던 한국과학기술연구원(KIST)과 1981년 1월 통합해 한국과학기술원(KAIST)으로 개편돼 현재에 이른다. 다만 한국과학기술연구원(KIST)은 1989년 다시 독립했다.

나는 뉴욕공과대학에 한국과학원 설립의 초기 과정을 도울 주미 연락조정실을 임시 설치하고 책임을 맡았다. 그곳에서 1971년 3~9월까지 한국과학원 초창기 교수진 구성과 교과 과정 수립, 연구실 배치를 기획했다. 한국과학원 산파 역할은 힘들지만 보람으로 가득했다.

이 과정에서 과거 모셨던 김법린 원자력원 초대원장이 미국 유학을 떠나는 내게 했던 말씀이 내내 떠올랐다. "유학하는 동안 여러 군데에 다니며 미국이 어떻게 과학기술을 일으켜 부강한 나라를 만들었는지를 알아내 대한민국 국민이 잘사는 데 기여하라"는 당부다. "이를 위해 한 알의 밀알이 돼라"던 그분의 말씀은 미국 생활 내내 머릿속을 맴돌았다. 김 원장은 1963년 동국대학교 총장을 맡았는데 이듬해 과로로 세상을 떠났다. 한국과학원 창립을 보지 못하고 가신 것이 못내 아쉽다.

나는 고국에서 일하며 한국 과학기술 발전을 위한 작은 밀알이 되기로 결심했다. 임시 주미 연락조정실 운영을 마친 1971년 9월, 가족과 함께 귀국 비행기에 올랐다. 한국과학원 부원장 겸 교수로 부임하기 위해서였다. 뉴욕공과대학 교수직은 휴직했고 내가 받았던 미국 정부의 연구비는 다른 교수들이 맡아 연구를 계속했다. 제자들과는 계속 인연을 유지하며 전문인으로서 협력했다. 격동하는 한국 상황을 헤쳐 나가야 할 운명이 기다리고 있었다.

"450만 달러로는 부족해, 600만 달러로 늘려"
원조 증액 지시한 해너 처장

1971년 2월 개원한 한국과학원(KAIS)의 부원장을 맡아 그해 9월 귀국 비행기에 오르자 설립 과정의 일들이 하나하나 떠올랐다. 가장 먼저 생각난 인물이 설립을 흔쾌히 수락하고 기술 원조와 자금 원조를 결정한 존 해너 미국국제개발처(USAID) 처장이다.

해너 처장은 내가 박사학위를 받은 미시간대학교 총장을 28년간(1941~69년) 맡았으며 공직도 맡아 봉사했다. 1958~69년 미국 공민권위원회(USCCR·국가인권위원회 격) 초대위원장으로 인종·민족·출신국가·종교·젠더로 인한 차별의 철폐와 인간 존엄성 확보에 앞장섰다. 1969~73년에는 USAID 처장을 맡아 개발도상국을 돕는 데 앞장섰다.

미국 대외원조정책의 물줄기를 '물자 지원'에서 '자립 지원'으로 바꾼 그의 번득이는 아이디어와 과감한 의사결정을 지금도 잊을 수 없다. 그런 그가 한국과학원에 대한 적극적인 지원을 결단하던 순간을 지금도 기억한다. 터만 조사단의 중간보고서 작성이 끝난 1970년 9월, 일본 도쿄에서 열린 '개발도상국 지원사업자 회의'에서 그를 만났다. 중간보고서를 이미 읽은 그가 내게 물었다.

"그 학교(KAIS)를 만드는 데 USAID의 재정 지원이 얼마나 필

1971년 출범한 한국과학원 홍릉 캠퍼스의 전경

요하다고 건의했나?"

"조사단 의견은 450만 달러입니다."

그는 잠시 생각한 뒤 이렇게 말했다.

"아닐세. 450만 달러면 부족할 거야. 600만 달러로 증액하게."

액수를 깎기는커녕 오히려 늘리라는 그의 말에 나는 놀라지 않을 수 없었다. 일본을 떠나 한국을 방문한 그는 박정희 대통령을 만난 자리에서 한국과학원 설립을 적극 지지하고 600만 달러 원조를 약속했다. 조사단의 최종 결론인 '터만 보고서'가 제출되기 3개월 전인 1970년 9월의 일이다. 원조 여부와 규모의 결정이 사실상 해너 처장에 의해 이루어진 셈이다. 총장으로서 대학을 운영해 본 경험이 있고 한국과학원에 대한 한국 정부의 의지, 과학기술처 공무원의 헌신적 노력도 잘 알았던 그는 충분한 자금을 지원하고 싶어 했다.

또한 그러한 결정은 원조 결정 과정에서 혹시나 있을지 모를 관료주의를 배제하고 원조를 신속하게 하려는 사려 깊은 조치라 생각되어 더욱 인상 깊었다. 그 당시 USAID에는 500만 달러 이하의 원조 결정권은 국장급 이하에 넘기는 '권한 위임 지침'이 있었다. 이에 따라 액수를 아예 600만 달러로 늘려 자신

박정희 대통령과 존 해너 미국국제개발처(USAID) 처장

이 직접 신속하게 결정하려는 의도도 있었을 것으로 짐작한다. 이토록 깊었던 해너 처장의 한국과학원에 대한 애정과 관심에 나는 항상 감사하고 있다. 그를 기리는 동판도 한국에 설치해야 한다고 생각한다.

무릇 한국과학원 설립 같은 큰 사업을 추진하려면 우선 혁신적인 생각을 하는 창안자가 있어야 한다. 결단력 있는 의사 결정자가 아이디어를 실천에 옮겨야 하며, 수많은 실행자가 이를 뒷받침해야 한다. 한국과학기술원(KAIST)의 전신인 한국과학원(KAIS) 설립은 이처럼 창안자와 의사 결정자, 실행자의 손발이 잘 맞아떨어진 경우다.

세계 과학기술 정책의 흐름을 주도하는
'대통령 과학고문 제도'

1971년 9월 귀국하기 전까지 미국의 여러 대학과 연구소에서 일하면서 과학기술계 메커니즘을 유심히 관찰했다. 세계 강대국 미국이 과학기술을 어떻게 산업과 경제, 나아가 국가 정책에 활용하는지를 파악해 나중에 한국에서 활용하기 위해서였다. 그중 눈에 확 띈 것이 백악관의 '대통령 과학고문' 제도다.

미국은 과학기술 발전에 따르는 혜택을 전 국민이 받는 만큼 관련 정책과 행정을 대통령의 주요 임무로 인식한다. 그래서 이를 잘 아는 원로 과학자를 대통령 과학고문으로 임명한다. 과학고문은 국무회의에 참석해 대통령을 가까이에서 보좌한다. 관료나 정치인은 단기적 성과나 당파적 이익에 사로잡히기 쉬운

데 초당적으로 장기적 국가 발전을 생각하는 원로 과학기술자의 의견을 청취함으로써 균형을 이루려는 제도다. 현재 대통령 과학고문은 백악관 과학기술정책실(OSTP)의 수장을 맡아 주요 부처에서 파견된 고위 공무원단을 지휘해 국가 과학기술 정책을 협의하고 대통령 자문에 응한다.

이 제도는 프랭클린 루스벨트 대통령(재임 1933~45년) 때 생겼는데 한국과도 관련이 적지 않다. 1941~45년 초대 과학고문을 지낸 버니바 부시 매사추세츠공과대학교(MIT) 전자공학과 교수는 '터만 보고서'의 주인공인 프레데릭 터만 스탠퍼드대학교 부총장의 스승이다. 부시 교수는 산학협력의 원류로 1922년 냉장고 회사인 레이시온을 창업해 굴지의 전자업체로 키웠다. 레이시온은 토마호크를 비롯한 다양한 미사일과 미사일방어·인공위성·레이더·통신·항공관제 시스템을 생산하며 세계 굴지의 방산업체가 되었고, 항공기 부품 제조업체인 유나이티드테크놀로지와 합병하면서 세계 2위의 방산업체가 되었다. 초기 아날로그 컴퓨터와 인터넷 개념 정립에도 기여했다. '실리콘밸리의 아버지' 터만 단장이 스승에게서 물려받은 산학협력 DNA는 현재의 한국과학기술원(KAIST)에도 이어졌다고 믿는다.

1966년 한국과학기술연구소(KIST)를 설립할 때 미국의 린든 존슨 대통령(재임 1963~69년)은 프린스턴대학교 화학과 원로교수인 도널드 호니히 과학고문의 조언을 들었다. 호니히 교수는 과학고문을 마친 뒤 1970~76년 브라운대학교 총장을 지냈는데 그 뒤 현역 교수로 돌아가 1990년까지 하버드대학교 보건대학원 환경보건학과에서 화학을 가르쳤다.

KAIST 전신인 한국과학원(KAIS) 설립을 논의할 당시 리처드 닉슨 대통령(재임 1969~74년)은 과학고문인 리 드브리지 캘리포니아공과대학(칼텍) 전 총장의 의견을 들었다. 드브리지는 1952~53년 해리 트루먼(재임 45~53년), 1953~55년 드와이트 아이젠하워(재임 53~61년), 은퇴 뒤인 1969~70년 닉슨의 과학고문으로 각각 활동했다. 1946~69년까지 23년간 칼텍 총장을 지내면서 대학을 세계적 수준으로 키웠다. 이처럼 대통령 과학고문은 한 나라뿐 아니라 세계 과학기술 정책의 흐름을 주도했다.

20년 지나 KAIS와 KIST 통합 과정에서 KAIST로

1971년 2월 16일 개원한 한국과학원(KAIS)은 초창기에 수많은 시련을 겪었다. 특히 명칭을 둘러싸고는 개원 전부터 논란이 그치지 않았다. 최종적으로 명칭이 한국과학원으로 확정됐지만 처음에 제안했던 이름은 '한국과학기술대학원'이었다.

그러자 애초 과학기술 특수대학원 설립을 반대했던 문교부는 이름을 두고 심하게 압박했다. 명칭에 '대학'이나 '대학원'이라는 단어를 쓰지 말라고 펄쩍 뛰며 반대하고 나섰다. 문교부가 관장하는 교육기관이 아니라 과학기술처가 주관하는 과학기술 교육·연구 기관이라는 이유에서였다. 정규 교육기관에서 쓰는 단어를 빼야 문교부와 과학기술처의 영역을 확실히 구분할 수 있다는 관료주의적인 이유도 달았다. 어쩔 수 없이 대학원 대신 '원'이라는 단어로 절충해 '한국과학기술원'으로 명명하려고 했다.

나는 영문 이름으로 카이스트(KAIST · Korea Advanced Institute of Science and Technology)를 제안했다. 대학원 과정을 운영하는 과학기술 교육기관이라는 사명을 분명히 하고 1966년 발족한 산업기술연구소인 한국과학기술연구소(KIST)와 구분도 하기 위해 '고등(Advanced)'이라는 단어를 넣자고 한 것이다.

그런데 명칭의 최종 결정 과정에서 예상하지 못한 일이 또 터졌다. 인문계 출신으로 이뤄진 고위 공무원들 사이에서 "한국에서 최고로 가는 교육 연구 대학원에 '기술'이라는 단어가 들어가는 것은 적절하지 않다"는 말이 나왔다. '사농공상(士農工商)'이라는 조선 시대의 신분상 서열을 염두에 둔 시대착오적인 의견이었다. 선비가 가장 위에 있어야 하며 기술자인 '공'은 상인과 더불어 사회의 하위 계층이라는 개념에 바탕에 둔 그릇된 사고방식이 아닐 수 없다.

이해할 수 없었지만, 현실은 어쩔 수 없었다. 이러한 우여곡절 끝에 한국 최초의 과학기술 특수대학원은 '기술'이란 단어를 빼고 '한국과학원'이라는 이름으로 발족하게 됐다. 영어 명칭도 'KAIS(Korea Advanced Institute of Science)'로 정해졌다. 한국과학원은 20년이 지난 1981년 1월 한국과학기술연구소(KIST)와 통합 과정에서 명칭에 비로소 '기술'이라는 단어를 다시 넣으면서 원래 이름인 한국과학기술원(KAIST)을 되찾을 수 있었다.

　문제는 이름뿐이 아니었다. 상아탑적인 대학·대학원 교육에 익숙했던 한국 과학기술계에서 특수대학원인 과학원에 맞춰 가르치고 연구할 전문가가 충분하지 않았다. 그 당시 한국의 과학기술인은 물리·화학 등 순수 기초과학자가 다수를 차지했다. 심지어 과학원에 설치하기로 했던 산업공학과에서 교수로 일할 박사학위 소지자를 찾기가 아예 불가능했다. 산업공학은 과학기술과 산업 현장, 기업 경영을 이어주는 고리 역할을 하는 전공이다. 이러한 현실에서 과학기술을 바탕으로 한국의 산업과 경제를 일으킨다는 한국과학원의 설립 이념을 실현하는 길은 첩첩산중일 수밖에 없었다.

한국과학원 병역특례 주저하던 박정희 대통령, 과학기술처 설득에 OK

한국과학기술원(KAIST) 전신인 한국과학원 (KAIS)은 서울 창경궁 근처의 과학관에서 개원 업무를 시작했다. 국립서울과학관을 거쳐 2017년 국립어린이과학관이 자리 잡은 곳이다. 개원 업무의 핵심은 홍릉 과학단지에 있는 13만 2,000m^2 (그 당시 도량형으로 4만 평)의 부지에 홍릉 캠퍼스(현재의 카이스트 서울캠퍼스)를 건설하는 것이었다.

과학원 건설에서 처음 지은 건물은 기숙사였다. 한국과학원은 다른 학교와 달리 모든 학생에게 기숙사를 제공하기로 했다. 학교를 시작할 때 강의 시설은 당분간 주변 시설을 빌려도 되지만 기숙사만큼은 확보해야 한다는 생각이 강했다. 학생들이 학업과 연구에만 몰두할 수 있게 하기 위해서다. 과학기술자로서 필요한 개척자 정신을 공유하고 협동생활·연구협력의 분위기를 익히는 데 1년간의 기숙사 공동생활이 유익할 것이란 판단도 있었다. 이는 과학원을 과학기술 입국 정신으로 대한민국의 발전을 이끌 인재를 양성하는 과학기술 사관학교로 키우겠다는 구상에도 맞았다. 모든 학생에게 학비를 면제하고 생활비로 쓸 장학금까지 지급하기로 한 것도 같은 맥락이었다.

둘째 시설은 본관 건물이었다. 세계 최고의 과학기술 대학원이 목표이니 건물도 잘 지어야 한다고 생각했다. 초창기 교수들은 개원 업무가 끝나고 나서도 늦은 시간까지 공사 현장에서 할 일을 찾았다. 건설 중인 본관 건물에 타설한 콘크리트를 보다 완벽하게 양생하기 위해 물을 뿌려 습도를 맞추는 일까지 나서서 했다. 과학원을 위해 뭐라도 하려고 애쓰던 그들의 애착과 헌신의 모습이 지금도 눈에 선하다.

세 번째 건물은 교수연구실과 이에 인접한 실험실이었다. 과학기술은 분야마다 특성이 있으므로 이를 살리려고 애썼다. 교정 너머에 택지를 지정해 교수 사택이 될 아파트도 마련했다. 교수 가족들을 위해 인근의 경희대 병설유치원과 초등학교로 연결되는 작은 길도 마련했다. 교수들에게는 제자 교육만큼 자녀 교육도 중요하기 때문이다.

이제 남은 것은 과학원에 인재를 유치하는 대책이었다. 터만 보고서에서는 "매년 수백 명의 한국 과학기술 인재가 미국 등으로 유학을 떠나지만, 귀국자는 이 중 일부에 불과하다"라고 지적했다. 이를 막아야 한다는 절박감에서 세운 것이 한국과학원 아닌가. 이에 따라 인재 유출을 막고 과학원이 품을 수 있도록 과학기술처와 과학원은 특단의 대책을 수립했다. 그래서 나온 파격적인 방안이 병역특례다. 1973년에 첫 입학할 1기부터 3년 간의 군 복무 대신 10주 내의 군사훈련만으로 병역을 마치게 하고, 과학원을 졸업한 후에 연구소나 산업 현장 등에 일정 기간

한국과학원 신축공사 현장에서 정근모 박사

근무하게 하자는 안이다. 그 당시로서는 놀라운 조건이었다.

　이 의견이 나오자 정부에서는 난리가 났다. 국가안보를 최우선시하던 시절이었다. 처음에는 박정희 대통령도 고개를 갸우뚱했다. 하지만 인재를 해외에 빼앗기지 않고 과학원에 데려오고 국내에 머물게 하려면 병역특례가 최선의 방책이라는 과학기술처와 과학원의 끈질긴 설득에 이를 받아들일 수밖에 없었다.

장관 바뀌자 한국과학원 초대원장 전격 교체, 이해 못할 인사 발령

한국과학원(KAIS)이 개원한 지 3개월 반 뒤인 1971년 6월 3일 개각에서 과학기술처 장관이 바뀌었다. 한국과학원 설립을 열정적으로 지원했던 김기형 초대장관(재임 1967~71년)이 물러나고 최형섭 장관(재임 1971~78년)이 부임했다.

최형섭 장관은 과학기술사에 큰 족적을 남긴 공학자이자 행정가다. 1944년 일본 와세다대학교 채광야금학과를 마치고 해방 뒤 경성대학교(서울대학교 전신)와 해사대학교(해군사관학교 전신)에서 가르치다 6·25전쟁이 발발하자 공군 장교로 참전했다. 정전 뒤 미국으로 유학을 떠나 1958년 미네소타대학교에서 화학야금으로 박사학위를 받고 귀국했다. 국산자동차 부사장을 거쳐 1962~66년 원자력연구소 소장으로 일했다. 1966년 신설

된 한국과학기술연구소(KIST) 초대소장을 맡다가 1971년 과학기술처 장관이 되었다. 7년 6개월간 재직하며 대덕연구단지 건설 추진을 비롯한 업적을 쌓았다.

최 장관은 개발도상국의 경제 발전과 산업화는 과학기술 연구개발에서 시작된다고 믿었다. 한국과학원 설립 이념과 다를게 없다. 하지만 한국과학기술연구소(KIST) 건설의 주역이니만큼 아무래도 우선순위에 대한 의견은 다를 수밖에 없었다. 최 장관이 부임한 뒤 과학기술처는 한국과학기술연구소 발전을 최우선에 두었고, 한국과학원은 행정 감독을 강화하고 설립 추진 내용과 내부 현황을 재점검했다.

장관 교체 8개월 뒤 과학기술처는 임기가 한참 남아 있던 한국과학원 원장을 교체했다. 개원 전인 1971년 1월 27일, 3년 임기로 취임했던 이상수 원장은 14개월 만인 1972년 3월 10일 물러나고 제2대 원장으로 미국 국적의 재미교포 화학자인 박달조 박사가 취임했다. 불소화학공업 연구의 개척자로 세계적 명성을 지닌 당시 67세의 과학자였다. 하와이에서 태어나 오하이오 주의 데이튼대학교를 마치고 1937년 오하이오주립대학교에서 이학박사학위를 받았다.

그는 대학원 시절 제너럴모터스(GM)사의 냉장 부문에서 일하며 산학협력 경험을 풍부하게 쌓았다. 1937~47년에는 듀폰사에서 근무하며 냉장고 냉매와 소화기, 에어로졸 충전재로 쓰이는 비독성 물질인 프레온 가스를 개발했다. 프라이팬이나 냄비에 음식이 달라붙지 않게 해주는 코팅재로 유명한 테플론 개발에도 공헌했다. 이러한 과정에서 수많은 특허를 보유한 것으로 알려졌다. 1947~72년 콜로라도대학교 화학과 교수를 맡아 후학을 양성하다 1972년 한국과학원에 합류했다. 박 교수는 한국어가 서툴렀지만 행정 능력이 뛰어났고 무엇보다 산업 현장과 대학을 동시에 경험한 인물이었다.

나는 한국과학원의 신입생으로 우수한 학생과 현장 경험자를 동시에 뽑아 이들의 지성과 경험이 자연스럽게 융합하기를 기대했다. 이는 서울대학교 행정대학원의 초창기 모델을 따른 것인데, 뉴욕공과대학에서 경험한 산학협동 방식에서 영감을 얻은 것이기도 했다. 이런 상황에서 산학협력 경험이 풍부한 박 원장이 취임했으니 천군만마를 얻은 기분이었다. 그러나 기쁨도 잠시, 이해하기 힘든 인사 발령이 났다.

과학기술처는 내가 맡은 부원장 자리 없애고, 코넬대는 초빙교수 제안

1972년 3월, 과학기술처는 한국과학원(KAIS) 원장 교체에 이어 내가 혼자 맡던 부원장직을 교무와 행정 담당의 두 자리로 나누고 행정부원장을 문영철 과학기술처 기획관리실장에게 맡겼다. 그 이유는 곧 드러났다. 막 취임한 박달조 2대 원장이 나를 불러 현황을 보고받는 자리에서였다.

나는 박 원장에게 과학원 설립 경과와 교수 임용, 교과 과정 편성, 학생 선발 계획을 상세히 설명했다. 보고가 끝나자 박 원장은 "이렇게 잘된 설립 계획과 실행 상황은 본 적이 없다"고 칭찬하고 "그런데 왜 (과학기술처에서) 당신을 부원장직에서 해임하라고 하는지 이해할 수가 없다"라고 말했다.

박 원장의 이야기를 듣고서야 나는 비로소 부원장 직제 개편의 의도를 짐작하게 됐다. 과학기술처에서는 한국과학원 운영에서 나를 가급적 배제하고 부처 공무원을 보내 영향력을 강화하려고 했다. 하지만 박 원장은 오히려 "정 박사, 교무부원장을 맡아 과학원을 위해 계속 헌신해 주시오"라고 단호하게 말했다. 박 원장은 과학기술처의 해임 압력을 거부하고 오히려 나를 전적으로 신임하면서 애초 계획대로 한국과학원 설립 업무를 추진하라고 했다. 과학기술처는 박 원장의 고집을 꺾지 못했다.

하지만 1년 반이 지난 1973년 가을에 과학기술처는 다시 한국과학원 조직을 개편해 이번에는 부원장 직제를 아예 폐지했다. 문 행정부원장은 과학원을 떠났고, 나는 평교수로서 전자·전기공학과에서 학생을 가르치는 일만 맡게 됐다. 미국에서 하던 핵융합 연구를 과학원에서 계속하고 싶었지만, 연구비나 시설, 인력을 비롯한 모든 면에서 그 당시 한국 과학계 상황으론 무리였기에 뜻을 접을 수밖에 없었다.

앞날을 고민하던 중 빛이 보였다. 터만 조사단과의 인연이 나를 도왔다. 터만 조사단 참가 교수들과는 그 뒤에도 계속 연락하고 지내던 터였다. 특히 뉴욕공과대학에서 운영하던 임시 주미 연락조정실을 스탠퍼드대학교로 옮기자 이 대학 부총장인 프레데릭 터만 단장이 고문을 맡아 한국을 계속 돕고 나의 멘토 역할을 했다. 조정실장 역할은 스탠퍼드대학교 그랜트 아이어슨 산업공학과 주임교수에게 부탁했다. 아이어슨 교수는 한국과학원의 초기 교수진을 구성하는 데 있어 가장 취약했던 산업공학 분야를 보완하는 데 도움을 줬다.

터만 조사단 일원인 코넬대학교의 프랭클린 롱 교수와는 독특한 인연 때문에 더욱 가까웠다. 애초 터만 보고서 초안 작성자로 지명됐던 그가 뉴욕에서 교통사고를 당하면서 초안 작성을 결국 내가 맡은 바 있다. 그런 롱 교수로부터 연락이 왔다. 그는 내가 부원장을 그만두었다는 소식을 들었다며 코넬대학교 과학기술사회(STS)연구실의 초빙교수로 오면 어떻겠냐고 제안했다. 그의 초청에 눈이 번쩍 뜨였다. 과학기술사회 연구는 과학기술을 산업과 경제로 연결해 인류와 국가사회 발전에 공헌할 방법을 궁리하는 분야이기 때문이다. 특히 원자력을 전력 공급을 비롯한 평화적 목적에 활용하는 방안을 중점 연구하면서 핵무기 개발과 확산에는 반대한다는 점도 흥미로웠다. 새롭게 도전할 대상이 생겼다.

한국과학원 첫 입학시험
평균 5대 1의 경쟁률 보이며 본격적인 가동

한국과학기술원(KAIST)의 전신인 한국과학원(KAIS)이 본격적으로 가동에 들어간 1973년 가을, 부원장에서 물러나 평교수가 된 나는 다시 새로운 도전을 시작했다. 미국 코넬대학교 프랭클린 롱 교수의 초청을 받아들여 이 대학이 신설한 과학기술사회(STS)연구소에서 초빙교수 생활을 시작했다. 이는 한국과학원의 첫 연구소인 '과학기술사회연구소'가 탄생한 계기가 됐다.

미국으로 떠날 수 있었던 것은 1973년 가을까지 학교 설립 작업이 거의 마무리됐기 때문이다. 1972년 9월 신입생 모집 요강을 확정했으며 1973년 1월 첫 입학시험을 치르고 석사과정 신입생을 선발했다. 549명의 지원자가 몰려 평균 5대 1의 경쟁률을 보였다. 유학을 가는 대신 한국에 남아 과학원에서 공부하고 연구하겠다는 과학기술 인재가 그만큼 몰린 셈이다. '두뇌 유출 방지'라는 설립 목적이 이뤄지기 시작했다.

이를 위해 한국과학원 학생들에게 정부는 병역 혜택을 줬으며, 학교는 무료 기숙사를 제공하고 학비를 면제한 것은 물론 월 2~3만 원의 장학금까지 지급했다. 과학원 조교수 월급이 10만 원 정도였으니 학생들에게 얼마나 정성을 쏟았는지 알 수 있다. 미래 인재 양성에 그만큼 공들여 투자한 셈이다.

1973년 3월 5일, 기계공학, 산업공학, 수학 및 물리학, 재료공학, 전기 및 전자공학, 화학 및 화학공학의 6개 학과에 총 106명이 입학했다. 부원장으로 있는 동안 첫 입학생을 받을 수 있었다. 이들 가운데 92명이 1975년 8월 20일 첫 석사로 배출됐다.

석사 과정 학생들의 졸업에 맞춰 1975년 첫 박사 과정 학생을 뽑아 그해 9월 12일 입학식을 치렀다. 이후 1978년 첫 박사가 배출된 데 이어 2015년 2월에 1만 번째 박사가 나왔다. 그야말로 뽕나무 숲이 변해 바다가 된 것처럼 엄청난 변화와 발전을 이루었다.

이렇게 배출된 연구자들은 오늘날 정부 출연 연구소는 물론 민간 연구기관의 핵심 두뇌이자 주축으로 활동하며 대한민국 과학기술과 경제 발전에 기여하고 있다. 300개가 넘는 대학에서 2,000명이 넘는 카이스트 출신 교수들이 오늘도 미래의 이공계 인재를 지도하고 있다. 카이스트가 없는 한국의 과학기술을 상상하기 어려울 정도다. 얼마 전 "카이스트가 없었더라면 삼성전자의 오늘날도 없었을 것"이라는 말을 해당 기업의 임원으로부터 듣고 얼마나 기뻤는지 모른다. 설립 목적인 산업발전·경제성장에 대한 기여를 평가한 발언이기 때문이다.

과학기술 두뇌를 해외에 뺏기지 않으려고 세운 카이스트가 이젠 국내를 넘어 세계적인 수준으로 그 위상을 인정받고 있다. 2014년 세계 최상위 26개 대학 대표를 초청해 고등교육(대학 이상의 교육)의 미래를 논의하는 '글로벌 대학리더 포럼(GULF)'에서 카이스트를 회원으로 초청한 것이 그 증거다. 세계경제포럼(WEF) 산하 조직인 GULF는 국내 대학 가운데 카이스트를 유일하게 초청했다. 카이스트는 내 일생의 보람이다.

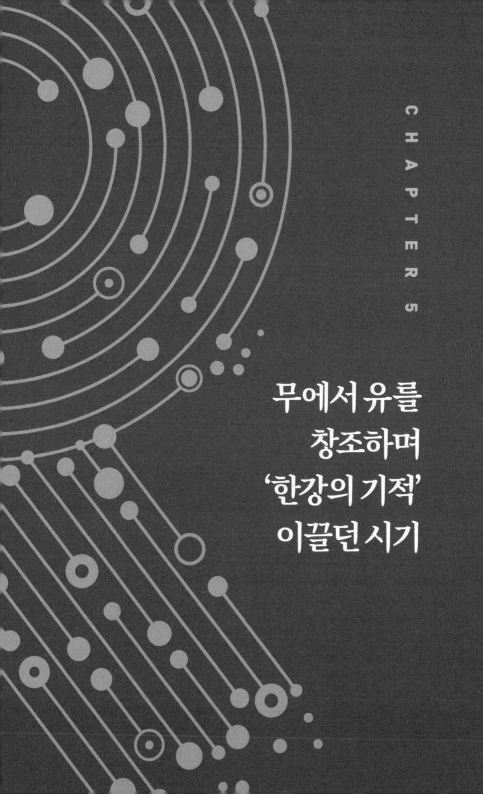

CHAPTER 5

무에서 유를
창조하며
'한강의 기적'
이끌던 시기

"미국의 과학기술 정책은
누가 주도하고 있습니까?"

한국과학원(KAIS)이 본격적으로 가동을 시작
한 1973년, 부원장에서 물러난 나는 미국 코넬대학교 프랭클린
롱 교수의 과학기술사회(STS)연구소 초청을 받아들였다. STS는
1972년 미국 과학기술사학자인 엘팅 모리슨이 매사추세츠공과
대학교(MIT)에서 처음 개척한 학제간 연구(서로 다른 학문 분야가
제휴해 하나의 대상을 다루는 연구) 분야다. 과학기술의 역사와 철학,
사회적 의미를 다룬다. 비슷한 시기에 이를 시작한 코넬대학교
에서는 롱 교수의 주도로 과학기술 정책 분야로 범위를 넓히고
전문화했다. 연구소는 과학기술 정책 분야의 핵심 싱크탱크로
자리 잡아갔다.

유기화학자인 롱 교수는 드와이트 아이젠하워, 존 F. 케네디,

린든 존슨의 세 대통령 아래에서 대통령 과학자문위원을 지내며 과학기술 정책에 깊숙이 개입했다. 핵무기 통제와 감축, 원자력의 평화적 이용에도 기여해 미 연방정부 기관인 '군비규제 및 군축청(ACDA)'의 부청장을 지냈다.

나는 STS 연구가 한국에서 과학기술을 산업으로 연결하고 원자력을 평화적으로 활용하는 전략을 마련할 기회라고 판단했다. 개인적으론 새로운 분야에 도전하는 의미도 있었다. 무엇보다 롱 교수가 미국 과학기술계를 이끄는 무게 있는 인물이라는 점에 마음이 끌렸다. 세계 최강국 미국이 어떻게 과학기술 정책으로 국민과 국가의 미래를 이끄는지를 가까이에서 관찰하고 싶었다.

미국에 도착해 뉴욕주 소도시 이타카에 있는 코넬대학교로 찾아가니 캠퍼스 안에 폭포가 흐르고 숲이 울창해 사람의 마음을 편안하게 했다. 도시 분위기인 하버드대학교, 매사추세츠공과대학교(MIT)나 뉴욕공과대학과는 분위기가 달랐고 오히려 미시간주립대학교와 비슷했다.

코넬대학교 과학기술사회연구소는 미국 과학기술계에서 차지하는 코넬대학교의 명성과 연구소를 이끄는 롱 교수의 비중 때문에 세계적인 과학기술자들이 수시로 방문했다. 이들의 초청 강의를 듣고 과학기술 현안이나 정책 과제에 대해 깊은 대화를 나누면서 많은 것을 배울 수 있었다.

한번은 미국 오크리지국립연구소 소장인 앨빈 와인버그 박사가 방문해 롱 교수 집에서 저녁 식사를 함께했다. 와인버그 박사는 1960년대 초 미국원자력학회(ANS) 회장을 지내고 아이젠하워와 케네디 대통령 재임기에 대통령 과학자문위원을 맡았다. 세 사람이 앉은 자리에서 나는 불쑥 이런 말을 꺼냈다.

"미국의 과학기술 정책은 누가 주도하고 있습니까?"

이 도발적인 질문에 롱 교수는 웃으며 대답했다.

"지금 정 박사와 이야기를 나누고 있는 여기 두 사람을 보세요. 당신은 미국 과학기술 정책을 선두에서 이끄는 두 사람과 이야기하고 있습니다."

롱 교수는 이처럼 자신감과 책임감이 넘치던 인물이었다. 이런 롱 교수와 함께했던 코넬대학교 과학기술사회연구소에서의 연구 경험은 한국과학원의 첫 연구소인 '과학기술사회연구소'에서 자신감 있게 한국 과학기술의 미래 전략을 마련할 수 있는 동력을 제공했다.

'공포의 균형'으로 핵전쟁 막으려던 닉슨,
롱 교수에 SOS

1973년 코넬대학교 과학기술사회(STS)연구소에서 초빙교수로 있는 동안 프랭클린 롱 교수로부터 과학기술자의 뚜렷한 주관과 사회의식을 배웠다. 롱 교수는 제2차 세계대전 당시 과학기술을 활용해 전쟁에서 이겨야 한다는 신념으로 원자폭탄을 개발하는 맨해튼 프로젝트에서 활약했다. 하지만 핵무기의 위험성을 깨달은 뒤로 그 확산을 막는 핵확산금지조약(NPT) 운동에 뛰어들었다. 드와이트 아이젠하워 대통령이 주창한 '평화를 위한 원자력(Atoms for Peace)'에도 참여했다. 코넬대학교에 과학기술사회연구소를 설립하고 연구·교육에 열정을 쏟은 것도 과학기술을 평화적으로 활용해 국가와 사회 발전에 기여하자는 취지였다.

그는 대통령 과학자문위원을 비롯해 여러 공직을 맡았지만, 뜻이 맞지 않으면 나가지 않았다. 1971년 리처드 닉슨 대통령이 그를 연방 기관인 미국과학재단(NSF)의 이사장으로 지명했지만 고사한 것이 대표적이다. 미사일 방어 시스템에 대한 생각이 서로 다르고 대통령을 설득할 수도 없다는 사실을 알게 되자 정중히 거절했다. 그 당시 닉슨은 핵전쟁을 막으려면 미국과 소련이 서로의 핵무기를 방어하지 못하도록 손발을 묶어 '공포의 균형'을 이뤄야 한다고 생각했다. 반면 롱 교수는 과학기술을 총동원해 핵무기 방어 능력을 단단히 갖춰야 한다고 믿었다. 과학기술의 힘과 가치를 알고 이를 신뢰했기 때문이다.

닉슨은 1972년 5월 소련의 레오니트 브레즈네프 공산당 서기장과 '탄도탄요격미사일(ABM) 제한협정'을 맺고 전 국토를 지키는 미사일 방어 시스템을 금지하는 데 동의했다. 양국은 수도와 대륙간탄도미사일(ICBM) 발사기지 한 곳에만 각각 100기의 ABM을 배치하기로 합의했다. 롱 교수는 이를 과학기술과 경제력이 떨어지는 소련의 계략에 넘어간 것으로 여겼다. 미국은 2002년 조지 W. 부시 대통령 시절 이 협정에서 탈퇴했다. 전면적 핵전쟁 가능성은 작아졌지만 '불량국가'에 의한 핵 공격 가능성이 커져

'미사일 방어망(MD)'이 필
요하다고 판단해서다.

닉슨의 공직 제안을 사
양한 롱 교수의 행동은 과
학기술계의 양심으로 여
겨졌다. 그는 나아가야 할
때와 멈출 때를 아는 원칙

2019년 2월 케냐-카이스트 킥오프 미팅

과 소신의 과학기술자였으며 정책 입안자였다.

롱 교수가 일한 코넬대학교는 미국 동부의 명문대 그룹을 일
컫는 아이비리그 대학 중에서 과학기술 분야가 가장 강한 것으
로 평가받는다. 이런 코넬대학교에서 롱 교수는 과학기술사회
연구소와 함께 '개발도상국 과학기술정책연구실(PDSTDN)'을
운영하며 과학기술을 통해 개도국을 지원하는 활동을 펼쳤다.
국제적인 '과학으로 더불어 살기 운동'을 전개한 셈이다. 내가
아프리카 케냐의 에너지 고문을 맡고 최근에는 현지에 과학원
설립을 지원하면서 국제적인 과학기술 봉사활동을 펼치는 것
은 이때 받은 영감 때문이다.

코넬대 연구 마치고 귀국,
한국과학원의 첫 연구소인 STS연구실 열다

미국 코넬대학교에서 과학기술사회(STS)연구소에서의 연구를 마치고 귀국한 나는 한국과학원(KAIS)의 첫 연구소인 STS연구실을 열고 실장을 맡아 연구 활동에 들어갔다. 한국과학원 초창기 교수들이 연구에 적극적으로 동참했다. 특히 응용수학과의 박찬모 교수(2003~07년 포항공과대학교 총장), 재료공학과의 윤덕용 교수(1995~98년 카이스트 원장), 화학 및 화학공학과의 조의환 교수, 전기 및 전자공학과의 김충기 교수, 산업공학과의 이진주 교수 등이 열정적으로 참여했다. 그 당시 송옥환 연구조교(1998~99년 과학기술처 차관)는 연구실 운영을 맡아 애써 주었다.

정부에서는 조경목 과학기술처 진흥과장(1983~85년 과학기술처 차관)과 경제기획원의 김재익 기획국장(1980~83년 청와대 경제수석비서관)이 참여해 과학기술을 통한 경제발전 및 산업진흥에 관한 민관 공동연구에 힘썼다. 1983년 10월 9일 미얀마의 아웅산 묘역에서 발생한 북한의 폭탄 테러로 숨진 김재익 수석은 경기고등학교 동기인 내 친구다. 고교 2학년 때 검정고시를 거쳐 서울대학교 정치학과(외교학 전공)에 입학했으며 졸업 뒤 한국은행에 다니다 미국으로 유학을 떠났다. 스탠퍼드대학교에서 경제학 박사학위를 받고 1973년 귀국했다. 1974년 경제기획원으로 옮겨 경제기획관과 경제기획국장을 맡았는데 그 당시 과학원 STS연구실에서 경제 발전 전략을 함께 연구했다. 한국과학원에서의 과학기술사회 연구는 한국에서 과학기술이 본격적으로 산업·경제와 결합하는 계기를 제공했다고 자부한다.

문제는 당시에는 이런 연구를 진행할 연구비가 없었다는 점이다. 수소문한 끝에 캐나다 정부 소속의 공기관인 국제개발연구센터(IDRC)가 '과학기술 정책수단(STPI)' 관련 연구비를 지원한다는 사실을 파악하고 이를 신청했다. 마침 IDRC의 제프리 올드햄 과학기술정책 담당 부소장이 10개 개발도상국 연구팀으로 이뤄진 대형 국제연구 네트워크를 조직 중이었다. IDRC가

연구비와 행정을 지원하고, 연구팀은 '과학기술 입국'을 위한 정책수단을 공동 연구·개발하는 취지였다. 개도국이 과학기술을 활용해 경제·사회 발전을 이룰 방법을 구체적으로 찾는 연구였으니 한국과학원 STS연구실로서는 둘도 없는 기회였다.

아르헨티나·브라질·페루·멕시코·콜롬비아·베네수엘라 등 6개 중남미 국가와 인도·이집트·유고슬라비아, 그리고 대한민국 등 10개국이 참가했다. 올드헴 부소장이 라틴아메리카 STS 연구 개척자인 페루의 프란시스코 사가스티 박사(페루의 현 대통령)와 손잡고 프로젝트를 진행하면서 참가국이 이 지역에 몰렸다. 우루과이의 마히모 알티 박사는 라틴아메리카 6개국의 연구를 주도하면서 신선한 아이디어를 제공했다.

한국과학원 STS연구실장이던 나는 IDRC로부터 10만 달러의 연구비를 지원받아 사업을 진행했다. 중남미와 인도 등 다른 지역 개도국의 과학기술 정책 아이디어를 살펴본 소중한 기회였다.

'왕관의 보석 같은 성과' 호평 받은
10개 개도국 개발 프로젝트

10개 개발도상국 연구팀이 과학기술로 산업·경제를 발전시킬 구체적인 정책을 마련하게 했던 '과학기술정책수단(STPI)' 연구 프로젝트는 성공적이었다. 연구비를 제공한 캐나다 국제개발연구센터(IDRC)는 '왕관의 보석과도 같은 성과'라며 이를 대표적인 국제협력 업적으로 여겼다.

이 연구를 위해 국제 네트워크를 조직하고 주도한 제프리 올드햄 교수는 과학기술 정책연구의 개척자이자 열정적인 후원자였다. 동료인 찰스 프리먼 교수와 함께 1966년 영국 서식스 대학교에 과학기술정책연구센터(SPRU)를 창설하고 1982년까지 부소장, 1982~92년 소장을 각각 지냈으며 개도국에 관심을 갖고 지원했다. 1990~92년에는 유엔 경제사회이사회(ECOSOC)

산하 '개발을 위한 과학기술위원회(CSTD)' 위원장을 맡아 과학 기술을 통한 글로벌 사회의 발전과 격차 해소에 힘썼다.

미주 대륙 연대협력 조직인 미주기구(OAS)도 노력을 아끼 지 않았다. OAS의 과학기술 정책국장인 마히오 알티 박사나 아 르헨티나의 알베르토 아라오스 박사 등이 주축이 된 라틴아메 리카 과학기술 정책 관련자들은 IDRC의 국제 네트워크 조직에 적극적으로 협력했다. 영국과 관련이 있던 인도·이집트·마케 도니아(당시 유고슬라비아의 한 공화국으로 1991년 독립)와도 연합해 STPI 프로젝트를 추진했다. 여기에 한국과학원에서 STS연구실 을 발족했다고 하니 반갑게 참여를 환영했던 것이다.

STPI 연구 네트워크에 참여한 연구자들은 이론가들이었다. 국제 코디네이터를 맡았던 프란시스코 사가스티 박사는 체계 공학을 전공한 공학자로 유엔과 연계해 많은 활동을 한 전문 가다. STPI 연구 네트워크는 참가국을 상호 방문하며 연구 조정 회의를 열었다. 한국에서는 서울 수유동 아카데미하우스에서 회의를 열었는데 참가자들이 한국 '과학기술 입국'의 정책 기 조를 조사해 갔다. 연구 책임자였던 나를 포함해 한국팀은 STPI 연구를 통해 학문적 지식뿐 아니라 현장을 살필 기회도 얻었다.

정책 연구에는 이론 연구도 필요하지만, 더 중요한 건 개발한 아이디어의 실천이다. STPI 네트워크의 막내라고 할 수 있는 한국팀은 연구 결과를 실제로 정책에 적용하면서 '한강의 기적'을 이루는 데 공헌할 수 있었다. 싱크탱크가 책상에만 머물지 않고 액션(행동) 주동자로 뛰면서 연구결과를 실천에 옮기도록 노력한 결과라고 자부한다.

참가국 중 한국은 그 뒤 국내총생산(GDP) 세계 11위의 경제대국으로 성장했다. 브라질과 인도는 러시아·중국·남아프리카공화국과 더불어 5대 신흥경제국을 일컫는 브릭스(BRICs)에 포함됐다. 다른 참여국은 정책 아이디어를 실천하지 못한 것이 아쉬움으로 남는다.

브라질과 인도팀은 STPI 연구 당시 창의적인 정책 아이디어를 많이 제공했다. 2013년 8월, 페루 리마에서 STPI 국제 공동 연구 40주년을 기념하여 열린 회의에 참석했을 때 "연구 당시 접한 브라질과 인도의 과학기술 정책 아이디어에서 많은 영감을 받았다"고 감사의 인사를 전했다.

백색전화가 집 한 채 값이던 1970년대, 인도에 가서 무릎을 탁 치다

1970년대 초 '과학기술 정책수단(STPI)' 10
개국 공동 연구 도중 관심이 갔던 것 중의 하나가 정보통신기
술(ICT)이었다. 열악하기 짝이 없던 한국의 통신 사정이 배경이
었다. 그 당시 전화는 개인 소유인 백색전화와 우체국 소유의
임대 전화인 청색전화로 구분됐다. 백색전화만 사고팔고 할 수
있었는데 한 대 가격이 웬만한 서민 주택 한 채 값과 맞먹을 정
도였다. 사업하는 사람은 울며 겨자 먹기로 큰돈을 들여 백색
전화를 사서 쓸 수밖에 없었다. 매매할 수 없는 청색전화는 우
체국에 신청하면 설치해 줬는데 보통 2~3년은 족히 기다려야
했다.

이런 부족 현상이 생긴 가장 큰 이유는 전화 회선 수요보다

공급이 절대적으로 부족했기 때문이다. 전화 회선을 공급하려면 먼저 전화국에 교환기를 추가로 설치해야 했는데, 국내에서는 기술이 부족하여 교환기를 제조할 수 없었다. 이때 사용했던 크로스바식 교환기는 복잡한 기계 부품으로 이뤄져 국산화하지 못하고 전량 수입해야 했는데, 보유 외화가 넉넉하지 않아 물량 확보가 어려웠다. 경제가 낙후하고 기술력도 빈약해 전화조차 마음대로 놓지 못했던 개발도상국의 설움이었다.

그런데 STPI 10개국 공동 연구를 위해 다른 참가국을 상호 방문해 여러 기술을 살피다 인도에서 흥미로운 장면을 목격했다. 1970년대 초반 뉴델리에서 열린 STPI 회의에 참석했다가 현지 전자공학자들이 선진국의 직접적인 도움 없이 전자식 전화교환기를 자체 개발했다는 소식을 들었다. 뉴델리의 전자통신연구소를 찾아가 보니 반도체를 이용해 전자식 교환기를 제작하고 있었다. 이를 현장에서 직접 볼 수 있었던 것은 STPI 연구의 큰 수확이었다.

그걸 보면서 '한국에서도 전자식 교환기 시스템을 개발하면 전화 적체 문제를 해결하고 통신 관련 산업도 키울 수 있겠구나' 하는 생각이 번쩍 들었다. 그래서 귀국하자마자 경제기획원

기획국장으로 일하던 김재익 박사의 집으로 찾아가 "한국도 전자식 전화 교환기 개발팀을 육성해야 한다"라고 역설했다. 그날 밤 우리 두 사람은 기술 개발을 통해 한국의 정보통신기술을 획기적으로 발전시키고 미래의 기술 강국으로 가는 방안을 놓고 밤새 대화를 나누었다.

1980년 9월, 대통령 경제수석 비서관에 임명된 김재익 박사는 취임하자마자 '시분할 전전자교환기(TDX)' 개발 작업을 적극적으로 지원했다. 1978년 한국통신기술연구소(1985년 한국전자통신연구소[ETRI], 1997년 한국전자통신연구원[ETRI]으로 개편)가 개발을 시작한 TDX는 1980년대에 날개를 달았다. 1981년부터 1,500억 원의 연구비를 투입해 1982년 세계에서 다섯 번째로 전자교환기 고유모델인 TDX를 개발하고 1986년 실용화를 이루었으며 1998년까지 개량을 위한 연구개발이 계속됐다. TDX 도입 이후 전화기를 신청하면 일주일 안에 설치됐다. 이로써 백색·청색전화라는 말이 사라졌고, 1980년대 이후 한국의 통신과 정보기술(IT) 산업 발전이 비약적으로 발전하는 전기가 마련됐다.

강기동 박사가 74년 세운 '한국반도체', 글로벌 삼성의 밀알 되다

1980년대 한국 정보통신기술(ICT) 산업 발전의 전기가 된 '시분할 전전자교환기(TDX)' 개발 과정에서 고민했던 과제 중 하나가 핵심 부품인 반도체였다. '전자산업의 쌀'이라는 반도체 기술을 어떻게 확보하고 자립하느냐는 전자산업 진흥의 핵심이었다. 지금은 삼성전자나 하이닉스 같은 반도체 기업이 한국 경제를 이끌지만 1970~80년대에는 이 분야의 전문가조차 드물었다.

반도체가 전자 분야에 본격적으로 이용된 것은 미국 벨 연구소에서 1947년 윌리엄 쇼클리, 월터 브래튼, 존 바딘이 반도체를 이용해 전자 신호를 변환하거나 전력을 증폭하는 트랜지스터를 개발하면서부터다. 세 사람은 이 공로로 1956년 노벨물리학상을 받았다. 트랜지스터는 전자공학 분야에 혁명을 불러왔다. 이를 이용해 작고 값싼 라디오나 전자계산기 및 컴퓨터 개발이 이어졌다. 트랜지스터를 이용한 전자기기의 개발·디자인·응용 경쟁은 미국의 실리콘밸리가 본격적으로 성장하는 동력이 되었다.

한국은 1970년대 초까지 반도체 기술을 접할 기회조차 없었다. 다행히 미국 유학생 중 조국에 기여하려는 젊은 과학기술자가 있었다. 경기고등학교와 서울대학교 전기공학과를 마치고 오하이오주립대학교에서 반도체 연구로 1962년 박사학위를 받은 강기동 박사가 그중 한 명이다. 강 박사는 전자통신업체 모토로라에서 일하다 귀국해 1974년 1월 한국반도체라는 벤처 회사를 세웠다. 전자산업, 특히 반도체 산업의 불모지였던 한국에 반도체 벤처기업을 창업한 것은 한국의 과학기술사와 경제사에서 획기적인 사건이었다.

중학 시절부터 전파와 방송에 관심이 많았다는 강 박사는 기술 분야에 천부적 재능이 있었고 이 땅에 반도체 산업의 뿌리를 내리겠다는 의지도 강했다. 문제는 자금과 경영 경험이었다. 결국 한국반도체는 피나는 노력에도 자금난 속에 1974년 12월

부도가 났다. 회사는 삼성에 넘어가 1978년 3월 '삼성반도체'로 새로 출발했으며 나중에 삼성전자의 일부가 됐다. 삼성전자는 반도체 산업을 적극적으로 육성해 오늘날 세계적인 전자통신업체로 우뚝 섰다. 큰 뜻을 품고 한국의 초창기 반도체 산업을 일군 강 박사는 아름답고 놀라운 열매를 맺은 한 알의 밀알이 됐다. 내가 과학기술처 장관에 재직하던 1996년, 강 박사를 은탑산업훈장에 추천하여 이듬해 훈장을 받게 한 일은 아름다운 추억이다.

삼성전자는 카이스트에서 훈련받은 젊은 과학기술자들에게 도전적인 직장이 됐다. 그 청년들이 오늘날과 같은 꽃을 피워 준 것은 대한민국과 한민족의 행운이다. 삼성전자 전 회장인 권오현 박사는 카이스트 3기 졸업생이고, 현 대표이사인 김기남 박사는 6기 졸업생이다. 이들은 전자 및 반도체 분야에서 세계 최고의 엔지니어다. 이들을 교육한 초창기 카이스트 교수진은 과학기술 입국의 꿈을 이룬 셈이다. 특히 카이스트 원장 후보 추천을 사양하면서까지 후진 양성에 전력투구한 김충기 교수에게 감사를 드린다.

땅굴 탐지레이더 만든 나정웅,
탱크주의 배순훈, 한국과학원 스타 교수들

반도체 이야기를 하다 보니 한국과학기술원(KAIST)과 그 전신인 한국과학원(KAIS)에서 근무하며 연구와 인재 양성에 힘쓴 교수들의 숱한 사연을 떠올리지 않을 수 없다. 돌이켜보면 감사해야 할 분이 수없이 많다. 1970년대 한국과학원 초창기는 그야말로 무에서 유를 창출한 시기였다. 열정과 능력을 함께 보여준 특출한 교수가 한둘이 아니었다. 산업 현장에 직접 뛰어든 교수도 적지 않았다.

전기 및 전자공학과에서는 초단파 분야의 나정웅 박사와 반도체 분야의 김충기 박사가 초창기부터 핵심 교수로 근무했다. 학과의 1호 교수인 나정웅 박사는 미국 뉴욕공과대학에서 박사학위를 받고 한국과학원 창립 교수로 부임했다. 전자파 연구에 매진해 지하에 숨은 땅굴을 찾아내는 '연속 전자파 지하 레이더'를 발명했다. 북한 땅굴로 사회가 불안하던 1989년, 이를 이용해 제4땅굴을 발견해 과학기술의 힘을 보여줬다. 광주과학기술원 원장으로도 봉직했다.

김충기 교수는 미국 컬럼비아대학교에서 전자공학으로 박사학위를 받고 페어차일드연구소에서 일하다 1975년 귀국해 과학원에 부임했다. 반도체 소자, 집적회로 분야에서 연구 업적을 남겼고 수많은 제자를 훈련해 카이스트를 이 분야 연구·교육의 중심지로 키웠다. 1995~98년 카이스트 부원장을 맡으며 학교 발전에도 매진하였다. 그 뒤 교수들의 추천으로 원장 후보가 됐지만 사양하고 연구실로 돌아와 퇴임까지 학자로서 자리를 지켰다.

기계공학과 초창기 교수로 1972년 부임한 미국 매사추세츠공과대학교(MIT) 출신의 배순훈 박사가 있다. 1979년 산업계로 옮겨 대우엔지니어링과 대우조선공업 부사장을 지내다 1982년 대우전자 사장을 맡으면서 '탱크주의'를 내세워 한 시대를 풍미했다. 1995~97년 대우전자 회장을 거쳐 1998년 정보통신부 장관을 지냈다. 2006년 카이스트로 돌아와 2009년까지 서울부총장과 경영대학원장을 지냈다. 버클리대학교 출신의 이중홍 교수도 기계공학과에서 산업계 인재 양성이란 건학 이념을 솔선수범하다가 경방 회장을 맡아 산업계에도 공헌했다.

재료공학과의 윤덕용 교수는 카이스트 총장을 지내면서도 본인의 전공인 분말 재료학에서 많은 업적을 내며 후배들의 귀감이 됐다. 화학공학과의 조의환 교수도 후배 지도에 심혈을 기울였다. 너무 일찍 세상을 떠난 생명공학과 이현제 교수의 열정도 잊을 수가 없다.

한강의 기적을 이룬 데에는 이처럼 수많은 인재의 헌신과 희생이 바탕이 됐다. 지금 돌이켜 보면 6·25 전쟁 중에 천막 교실에서 길렀던 애국심을 실현하고, 미래에 대한 꿈을 일궈낼 수 있었던 우리 세대는 정말 행복한 세대라고 할 수 있다. 그 공적을 후배들이 알아주지 않는다고 섭섭해하는 사람도 있는데, 이는 작은 일에 불과하다. 우리 세대가 어떻게 살아왔는지는 우리가 가장 잘 안다. 이 땅의 모든 세대가 합심해 '과학기술 입국'을 이룬 대한민국은 전 세계의 어렵고 힘든 나라 사람들에게 희망과 믿음을 주고 경험을 나눌 수 있는 나라임을 잊지 말아야 하겠다.

컴퓨터가 뭔지도 잘 모르던 70년대, 한국인 전공자 찾아 삼만리

한국과학원(KAIS) 설립 초기 '스타 교수'도 적지 않았지만, 그 당시의 한국 사정으로는 교수 요원을 확보하는 것 자체가 난제였다. 한국과학원에서는 처음부터 조교수는 박사학위 소지자를, 부교수는 학위 취득 후 최소 3년, 정교수는 7년의 연구 경력을 요구했다. 한국 과학기술계 인력 사정상 무리한 요구라는 지적도 있었다.

하지만 한국과학원 초대이사장 안동혁 박사는 이런 혁신적인 인사안을 적극 지지했다. "새 술은 새 부대에 담아야 한다"며 소신 있게 추진하라고 격려하던 안 이사장의 모습이 지금도 잊히지 않는다. 안 이사장은 일제 때 경성고등공업학교(서울대학교 공과대학 전신) 출신으로 규슈(九州)제국대학교 응용화학과를 마치고 미국 프린스턴대학교 화학공학과에서 수학했다. 해방 뒤 1946년 대한화학회 전신인 조선화학회를 창립하고 과학기술 지식 보급에 힘썼으며 1957~74년 한양대학교 교수를 지냈다.

교수 모집 공고를 냈더니 수학 및 물리학과, 전기 및 전자공학과, 화학 및 화학공학과, 재료 및 재료공학과, 기계공학과, 산업공학과, 생명공학과 등 7개 학과에 무려 175명이 지원했다. 하지만 난감한 일이 생겼다. 컴퓨터공학 전문가를 수학 및 물리학과에 두려고 했는데 지원자가 아예 없었다. 재료공학과와 산업공학과도 비슷한 상황이었다. 특히 산업공학은 개척기라 박사학위 소지자를 찾기가 어려웠다. 자연과학 분야는 박사학위 소지자가 어느 정도 있었지만, 공학 분야는 드물었다. 전공 분야가 한국과학원 특성에 맞도록 해외에서 공부한 한국인 과학기술자 중에서 귀국해 헌신하겠다는 사람을 찾기란 쉬운 일이 아니었다.

난제 중 난제는 컴퓨터 전공 교수를 찾는 일이었다. 컴퓨터는 한국과학원 초기부터 공통 필수과목으로 지정했을 정도로 중요한 분야였다. 1970년 4월 경제기획원 대회의실에서 열린 당정협의회에서 박정희 대통령과 공화당 간부들, 장관들을 상대로 과학원 설립안을 브리핑한 직후 박 대통령은 내게 "앞으로 학생들에게 컴퓨터도 가르치고 그럴 건가?"라고 질문했다. 그만큼 당시 컴퓨터는 시대를 선도하는 첨단기술의 대명사였고, 과학기술자를 양성하는 필수 과목이었다.

　나는 당연히 그럴 것이라고 대답했지만 이를 가르칠 마땅한 교수를 찾는 일은 쉽지 않았다. 천신만고 끝에 텍사스대학교에서 전자공학 박사학위를 받고 미국항공우주국에서 컴퓨터 전문가로 일하던 김길창 박사를 찾게 돼 귀국을 설득했다. 김 박사는 한국과학원 설립 취지를 충분히 이해했고 전공인 컴퓨터가 미래 과학기술에서 얼마나 중요한지를 누구보다 잘 알았다. 그는 1971년 5월 귀국해 어려운 여건 속에서도 컴퓨터 전공 분야가 과학원에 신속히 자리 잡도록 최선을 다했다.

　마찬가지로 적임자가 없어 난감했던 산업공학과 주임교수로는 '아메리칸 캔 컴퍼니'에서 간부로 일하던 이남기 박사를 찾아 초빙했다. 지금은 산업공학 전문가가 많지만, 그때는 참으로 드물었다. 이 박사와 후임 배도선 주임교수가 애써준 덕분에 한국과학원 산업공학과는 한국의 대학원 과학기술 교육에서 핵심 역할을 할 수 있었다. 결단을 내려준 모든 분에게 감사하지 않을 수 없다.

카이스트 학생들 졸업도 하기 전
경쟁적인 취업 제안받고 산업 현장으로

과학원 초창기 교수진을 한마디로 표현하라고 하면 나는 '헌신'이라는 뜨거운 표현을 쓰고 싶다. 대한민국의 미래를 희망적으로 꿈꾸면서 선진국에서 제공하는 귀한 일자리를 마다하고 귀국하여 조국의 미래를 이끌어갈 후배 양성을 위하여 전력을 다한 교수분들이 있었기 때문에 대한민국은 전 세계가 부러워하는 한강의 기적을 이룬 선진국이 된 것이다.

한국과학원에서 헌신한 교수 중 잊을 수 없는 분이 박송배 교수다. 그는 서울대학교 공과대학 출신으로 미네소타대학교에서 박사학위를 받고 오레곤대학교 조교수로 일하다 1971년 귀국해 연구기관인 한국과학기술원(KIST)에서 근무했다. 한국과학원 초창기에 교수 초빙 작업을 벌이던 나는 박 박사를 찾아가 한국과학원으로 전임하도록 삼고초려를 했다. 학문이나 인격적으로 존경스러울 뿐 아니라 처음 만났을 때부터 인재 양성이라는 취지에 공감하면서 한국과학원 설립 정신을 꿰뚫어 이해할 정도로 확신에 찬 분이었다.

특히 박 박사의 전공인 전자회로는 전자공학의 핵심이며 한국의 전자산업을 일으키는 데 절대적으로 중요했다. 특정 기능을 가진 부품을 조합해 원하는 기능을 하도록 해주는 것이 전자회로다. 그 당시 전자회로와 반도체 소자를 하나의 칩으로 합친 집적회로(集積回路)가 갈수록 중요해지고 있었다. 미국 텍사스 인스트루먼트에서 일하던 전자공학자 잭 킬비가 1959년 집적회로를 발명해 2000년 노벨물리학상을 받았다. 집적회로는 전자공학과 산업에 혁명을 일으켜 다양한 전자제품을 더욱 작고 값싸게 만드는 길을 열었다. 오늘날 필수품인 컴퓨터와 휴대전화 탄생의 공학적인 배경이기도 하다.

한국과학원에 온 박 박사는 전기 및 전자공학과 주임교수로, 학교 전체를 이끄는 중진 교수 역할을 하면서 후배들의 귀감이 됐다. 그는 산업인력 양성이라는 과학원의 설립 정신에 충실했다. 개원 초기 과학원에 좋은 교수와 학생이 집결하면서 박사

과정을 조속히 개설하자는 의견이 팽배해 기계공학과가 이를 가장 먼저 설치했다. 기계공학과도 실력이 대단했지만, 전기 및 전자공학과도 당시 만반의 준비가 돼 있었다. 하지만 주임교수였던 박 교수는 학문의 깊이가 중요한 박사 과정은 산업 현장을 이끌 석사와 산학협력의 전문석사 과정을 탄탄히 다진 다음에 개설해도 늦지 않다고 강조했다. 이 학과의 젊은 교수들은 산업계를 이끌 인력 양성이 먼저라는 박 교수의 생각을 잘 따라주었다.

기초가 탄탄했던 전기 및 전자공학과 학생들은 졸업도 하기 전에 산업계에서 경쟁적으로 취업 제안을 받고 한국 전자산업은 물론 정보통신기술(ICT) 산업 전반을 이끌어 갔다. 산업 발전은 마라톤 경주처럼 빨리 가는 것보다 멀리 가는 게 더 중요하다. 마라톤 경주에서는 기초가 튼튼해야 한다는 것을 누구나 알고 있지만, 과속 유혹을 이기기란 쉽지 않은 게 사실이다. 이런 상황에서 서두르지 않고 차근하게 길을 갔던 박 박사의 믿음직스러운 모습을 잊을 수 없다. 멀리 볼 줄 아는 이러한 전문가 정신이 우리 사회를 이끌기를 바란다.

CHAPTER 6

가난한 나라의
살 길은
오직 기술 자립뿐

열 살 아들의 불치병 선고,
가족에게 소홀했다는 죄책감만

한국과학원(KAIS)의 과학기술사회(STS)연구
실에서 수행하던 10개국 연합 과학기술정책연구(STPI) 프로젝
트를 끝낼 무렵 시련이 찾아왔다. 아들 진후의 건강에 이상이
생겼다. 병원에 데려갔더니 의사는 만성 신장염으로 진단하고
가능하면 미국에 데려가 보다 전문적인 진단과 치료를 받아 보
는 것이 좋겠다고 권유했다.

어렵사리 진후를 뉴욕의 알베르트 아인슈타인 대학병원에
데려가 신장 전문의에게 보였더니 치유 불가능한 질환으로 진
단했다. 전문의는 진후의 신장이 5년을 버티기 어렵고 그 뒤로
는 혈액 투석기로 혈액 속 노폐물을 제거하는 인공신장에 의지
해야 한다고 했다. 뉴욕은 물론 보스턴·클리블랜드·워싱턴의

여러 병원을 찾아갔지만, 결론은 같았다. 겨우 열 살이던 아들이 이처럼 중병에 걸렸다니 망연자실할 수밖에 없었다. 그동안 가족에게 등한시하고 일에만 몰두했던 잘못 때문이 아닌가 싶어 내 자신이 원망스러웠다.

결국 아들 치료에 전념하기 위해 그렇게 사랑했던 과학원을 떠나 휴직 중이던 뉴욕공과대학에 복직하기로 했다. 만감이 교차했다. 뉴욕공과대학은 뉴욕대학교(NYU)와 합병하여 전기물리학과 소속이던 나는 원자력공학과 교수를 겸임하게 됐다. 학과장이던 존 라마쉬 교수는 원자력 안전과 에너지 정책, 핵 확산 억제 전문가로 교과서인 《원자력 공학 개론 Introduction to Nuclear Engineering》을 쓴 인물이다. 그는 1981년 7월 심장마비로 별세하기 직전 부인에게 "개정판을 내야 하는데 근모에게 부탁해 달라"는 말을 남겼다고 한다. 그 뒤 개정 4판까지 출간됐고 한국에서도 널리 사용됐다.

라마쉬 교수는 내가 제안한 '미래 원자력 발전소 모델 개발' 연구에 협력했다. 이때 설계한 '이동식 바지선 원전'은 원자력 발전소를 땅 위에만 짓는다는 고정관념을 뒤집었다. 지금도 내 서재에는 5권으로 이뤄진 〈해상 원자력 발전소의 타당성 보고

서〉가 실현을 기다린다. 개발도상국에 적합한 이 개념과 설계
는 한국 원전 수출에도 유익할 것이다.

뉴욕공과대학에서 일하는 동안 아들 진후는 시내 병원에서
진료를 받았지만 사정은 나아지지 않았다. 그 당시 소아 신장
치료는 워싱턴 조지타운병원이 전문이라고 해서 그곳으로 갈
까 했는데 리치먼드의 버지니아의료센터(MCV)에 한국계 신장
이식 전문가인 이형모 박사가 일한다는 사실을 알게 되면서 생
각을 바꿨다. 이 박사는 1949년 서울대학교 의과대학을 졸업
하고 미국으로 가서 장기이식 개척자인 데이비드 흄 교수와 협
력해 버지니아의료센터를 세계적인 장기이식센터로 키웠다.
1984~85년 미국 이식외과학회(ASTS) 회장도 지냈다.

그래서 이 박사를 믿고 그곳에 아들을 맡기기로 했다. 그때까
지만 해도 신장 이식은 아직 개척 단계였고 수술 뒤 거부 반응
을 막기 위해 필수적으로 복용해야 하는 면역 억제제는 개발 중
이었다. 나는 아들에게 내 신장을 이식해야 할 상황에도 대비
했다. 운명은 가혹했지만, 기도와 사랑으로 극복해야 했다.

아들에게 내 신장 줬지만,
설상가상 C형 간염까지 전염시켜

아들 진후의 신장병 치료를 위해 복직했던 뉴욕공과대학 교수직을 다시 휴직하고, 리치먼드의 버지니아 의료센터(MCV)가 있는 워싱턴 지역으로 옮겨 와 그곳에서 일할 자리를 물색하였다. 마침 미국과학재단에 에너지 정책 및 기술 개발 프로그램이 신설되었다는 소식을 듣고 지원하게 되었고, 그 프로그램의 책임자로 선임되었다. 마치 보이지 않는 손이 나로 하여금 아들의 병 치료와 전문분야의 선택된 직분을 마련해 준 것 같았다. 미국과학재단에 소속되어 전 미국에서 진행되고 있는 에너지 분야 연구사업을 두루 살필 수 있었고, 앞으로 수행하여야 할 정책 과제들을 검토할 수 있었으니 나에게는 귀한 도전이 되었다.

미국과학재단이 에너지 전문가를 찾은 이유는 1979년 2월 있었던 이란 혁명의 여파로 제2차 에너지 위기가 찾아왔기 때문이다. 1979년 4월, 배럴당 15.85달러이던 원유가가 12개월 만에 39.50달러까지 치솟았다. 지미 카터 대통령은 프랭크 프레스 과학고문에게 중장기 에너지 정책을 세우게 하고 석유를 대체할 에너지원의 개발을 강조했다. 미국과학재단은 세부 사업을 맡았다. 어려운 시기였지만 아내의 기도와 친구들의 격려로 워싱턴 생활은 별다른 문제없이 순조로웠다.

나는 미국과학재단의 에너지 분야 책임자로서 수없이 들어오는 연구제안서를 적절하게 판단해 연구비 지원 여부를 결정해야 했다. 이를 위해 여러 명의 상임 전문가와 수십 명의 비상임위원을 두고 연구제안서를 신속·정확·공정하게 심사하게 했다. 나는 연구제안서 처리뿐 아니라 신에너지 분야 최고 전문가 회의도 조직하고 개최했다. 이를 위해 미국뿐 아니라 전 세계의 에너지 전문가들과 심도 있게 접촉하고 회의를 진행하면서 다양한 지식과 경험을 얻을 수 있었다.

이 자리는 연방정부 최고 수준의 대우를 받는 '고위 행정직군'에 속했다. 정치적인 임명이 아니라 전문성을 바탕으로 선발

돼 공무원 조직의 핵심을 맡는 보직이다. 외국인인 내가 어떻게 임용될 수 있었는지를 인사팀에 물었더니 "아직도 그 이유를 모르느냐"는 답이 돌아왔다. 한국은 미국과 동맹국이기 때문에 한국인 전문가를 고위 행정직군에 기꺼이 받아들였다는 설명이었다. 한·미 동맹이 군사 분야에만 국한되지 않음을 알 수 있었다. 나는 에너지 분야 고위 행정 공무원으로서 백악관이나 의회 책임자들과도 접촉하고 국제협력 업무도 진행하면서 미국 과학기술 행정의 깊은 내막을 알 수 있었다. 이를 통해 전문인으로서 새 분야를 개척하는 기쁨을 누릴 수 있었다.

하지만 아들의 건강 문제는 매일매일 나를 긴장하게 했다. 전문의의 진단대로 아들의 신장 기능은 점차 약화되었고 인공신장으로 투석치료를 받아야 했다. 나와 아내가 신장제공 적합검사를 받았더니 내가 더 적합하다는 결과가 나왔다.

1980년 여름, 버지니아주 리치먼드시의 버지니아의료센터(MCV)에서 내 왼쪽 신장을 아들 진후에게 이식하는 수술을 하게 됐다. 수술은 성공적이었고 나는 일주일 만에 퇴원했다. 하지만 아들 진후는 거의 100일이나 입원했다. 내가 지녔던 C형 간염이 전염돼 계속 어려움을 겪었기 때문이다.

이 일로 인해 나는 계속 죄책감에 시달렸다. 과학기술 입국의 염원을 안고 카이스트 전신인 한국과학원을 설립하는 꿈은 이뤘지만, 그동안 사랑하는 아들 진후와 가족들을 등한히 했다는 미안한 마음이 가슴 속에 항상 남게 됐다.

미국 스리마일 원전 사고 충격,
안전장치 개발로 과학적 대응

아들 진후의 치료를 위해 미국과학재단으로 자리를 옮긴 1979년과 아들에게 신장을 이식한 1980년은 개인적으로도 힘들었지만 세계 에너지계도 어려움에 부딪혔다. 제2차 석유파동을 겪은 미국의 지미 카터 행정부는 원자력을 비롯한 대체에너지 개발을 서둘렀고 자원 부족 국가인 한국도 이를 고민했다. 미국은 원자력발전소로 에너지 문제를 해결하려고 했다. 웨스팅하우스, 제너럴일렉트릭(GE), 밥콕앤윌콕스(B&W), 컴버스천엔지니어링(CE) 등 발전설비 공급업체들은 고유의 원전 모델을 개발하며 경쟁했다.

1968년에 원전 건설을 결정했던 한국도 국민 생활과 산업 발전에 필요한 전력을 원전에서 찾았다. 웨스팅하우스의 60만kW

급 가압경수로(PWR)를 선택한 데 이어 가압중수로를 쓰는 캐나다원자력공사의 60만kW급 캔두(CANDU)형 건설과 프랑스 국립 원전사인 프라마톰의 가압경수로 도입도 결정했다.

그런데 1979년 3월, 펜실베이니아주 스리마일섬(TMI) 원자력발전소에서 사고가 발생했다. B&W사가 건설해 운전한 지 1년이 되지 않았던 이 원전의 원자로 내 핵연료봉 냉각이 부족해 노심이 과열돼 녹아내렸다. 원자력 발전은 핵연료를 핵 반응시켜 발생한 열로 냉각수를 고온의 증기로 만들고 이 증기로 발전용 터빈을 돌려 전기를 생산한다. 이때 원자로에서 발생한 열을 충분히 방출하지 못하면 핵연료봉이 가열돼 녹을 수 있는데 스리마일섬 원자력발전소에서 이런 사고가 발생한 것이다. 방사성 물질은 거의 유출되지 않았다. 그럼에도 사람들이 받은 충격은 작지 않았다.

원전 설계자는 방사능이 원전 밖으로 나가지 못하도록 겹겹이 다중 방호 시스템을 설치한다. 시스템 중 하나라도 유지되면 어떠한 사고에도 방사능 유출이 일어나지 않게 하는 것이 원자력 안전공학의 원리다. 하지만 스리마일섬 원자력발전소에서는 기기 고장과 설계 오류 같은 시스템의 결함과 정비원 실수, 운전자 오판 같은 인적 오류가 복합적으로 일어나면서 사고로 이어졌다.

이 사고 때문에 원자력으로 에너지 위기를 극복하려던 미국 전력 산업계는 충격을 받았다. 국민의 원전 추가 건설에 대한 지지도도 떨어졌다. 원자력 산업계는 사고를 교훈 삼아 안전 수준을 획기적으로 높이는 방법으로 대응했다. 이후 원자력 안전은 공학적 안전 원리에 더해 심층 방어라는 철학적 안전 개념으로 진일보하게 됐다. 개선된 안전장치들을 개발해 설계에 반영했고 원전 운전자 훈련과 안전교육을 강화했다. 국민과의 소통도 강화해 원전 이해도를 높이는 교육 서비스를 적극적으로 제공했다. 사고에 감정 대신 이성적인 과학기술로 대응하는 모습을 보면서 많은 것을 배웠다.

그 당시 나는 미국과학재단에서 대체에너지 개발에 관한 기술 검토와 개발 전략 수립 및 에너지 정책 연구 추진 업무를 맡아 눈코 뜰 새 없이 바쁜 나날을 보냈다. 그 와중에 미국과학재단으로부터 최우수상을 받고 승진까지 했으니 지금 돌이켜 봐도 어떻게 그렇게 할 수 있었는지 모르겠다. 이 모든 것이 내가 힘들 때마다 의지했던 하나님의 은혜라고 굳게 믿는다.

아들 진후의 건강이 호전되어 다시 학교에 다니게 되었고, 큰 딸은 아이비 작은 대학으로 불리는 스와스모어칼리지에 진학하여 수학하고 있었고, 작은딸도 버지니아에 있는 고등학교에 다니고 있었다. 우리 가족은 예수 중심의 신앙 생활로 평강을 되찾게 되었다.

그즈음 한국도 엄청난 격랑을 겪어야만 했다. 1979년 10월 박정희 대통령이 시해되고 한국은 정치적 혼란의 시대로 들어서게 되었다. 1979년 12·12사태 후 1980년까지 '서울의 봄' 기간을 보내고 신 군부에 의한 계엄 선포와 광주민주화운동이 일어났으며, 그해 8월 최규하 대통령이 하야한 다음 전두환 정권이 들어서는 등 어려운 시기를 보내고 있었다.

나는 미국과학재단에서 에너지 안보문제도 다루며 에너지 빈곤국에서는 원자력 에너지를 활용해야 한다는 확신을 갖고 원자력발전소의 안전성을 확고히 보장할 수 있는 연구개발 사업을 수행하였다. 새로운 과학적 발견도 추구해야 하지만 이미 알고 있는 과학 지식을 체계적으로 활용하면 스리마일섬 원자력발전소 사고 같은 일은 절대로 다시 일어나지 않게 할 수 있다는 확신을 갖게 되었고, 기존 원전들도 새로운 안전장치를 설치하도록 주장하였다. 이를 위하여 원전의 주체 기업뿐만 아니라 능력 있는 기술회사를 길러야 된다는 보고서도 작성하였다.

STPI 연구사업에서 이미 주장한 엔지니어링 회사 육성이 과학기술사회에 필수 조건이며, 안전공학을 발전시키고 정부의 안전규제를 최신 과학기술로 시행한다면 원전은 사고 없이 활용할 수 있다는 주장이었다. 이 보고서를 미국 정부와 한국 정부에 보내서 에너지 빈곤국인 대한민국이 원자력 기술 자립을 추구하고 원전 산업을 체계적으로 육성하기를 주장한 것이다.

"귀국해서 기술 자립 위해 힘써주게"
김재익 수석 전화에 목이 멨다

거듭난 기독교 신자가 된 후 나의 삶이 달라졌다. 고통은 축복이었고 시련은 주신 사명을 위한 준비였다. 이 세상 삶은 육신이 필요하지만 영원한 삶은 영적인 삶이다. 내가 거듭난 신자가 된 지 한 달도 지나지 않아 서울에서 연락이 왔다.

1982년 초 청와대 경제수석을 맡고 있던 김재익 박사였다. "소식을 들으니 자네 아들 진후가 건강히 학교에 다시 다니기 시작했다니 반갑네." 그러니 이제 귀국해서 나라를 위해 일하자는 연락이었다. 김 박사는 한국원자력연구소가 원자력 엔지니어링 회사를 세웠는데 경영이 어렵다며 해결책이 없는지 물었다.

나는 1970년대 초반 한국과학원의 과학기술사회(STS)연구실에서 10개국 과학기술 정책연구(STPI) 프로젝트를 수행하면서 창의적 공학 설계와 현장 자문 역할을 수행하는 엔지니어링 산업에 눈을 떴다. 이때 논문에서 "많은 개발도상국이 과학기술을 국가발전 정책수단으로 제대로 활용하지 못한 가장 큰 이유가 연구 결과를 시장 및 현장과 연계하지 못했기 때문"이라고 지적했다. 이에 따라 "과학기술이 경제사회 발전에 기여하려면 엔지니어링 기업을 키워야 한다"고 강조했다.

미국과학재단에서도 다양한 기술의 조합 능력을 바탕으로 현장에서 경쟁력을 발휘하는 엔지니어링 기업의 육성을 강조하는 논문을 썼다. 첨단 과학기술 응용·개발의 견인차 구실을 하는 국방부 방위고등연구계획국(DARPA), 에너지부 국립연구소, 상무부 국립연구기관과 정보교환과 협력을 계속하며 이런 믿음을 더욱 굳혔다. 한국원자력연구소는 같은 맥락에서 1975년 미국 기업 '번즈앤드로(Burns&Roe)'와 합작해 원자력 엔지니어링 회사인 '코리아 아토믹 번즈앤드로(KABAR)'를 세웠지만 경영난으로 1976년 번즈앤드로가 철수하고 한국원자력기술주식회사(KNE)로 개편했다.

나는 김 수석의 질문에 "원자력 기술 자립을 위해서는 연구기관인 한국원자력연구소와 기술회사인 KNE가 나란히 발전해야 한다"고 답하고 "원전 건설을 이끄는 한국전력이 KNE에 투자해 기술 자립을 지원하는 장기 전략이 필요하다"라고 역설했다. 며칠 뒤 김 수석이 다시 전화해 "의견대로 한국전력이 KNE의 대주주가 됐으니 귀국해 이 회사를 맡아 STPI 논문대로 기술 자립을 위한 엔지니어링 회사로 키워보라"고 말했다. 나라의 기술 자립을 위해 일하자는 그의 말에 목이 메었다.

나는 1982년 7월 2일 당시 여의도 한국전력 건물에서 취임식을 하고 사명을 '한국전력기술주식회사(Korea Power Engineering Company: KOPEC)'로 바꾸고 한국전력 일거리를 맡게 됐다. 현재의 한국전력기술㈜ 사장에 취임했을 때 나를 아껴주던 친구와 선배들은 걱정스러운 표정들이었다. 평생 대학교수로 일해 왔던 내가 경영난에 허덕이는 사업체를 맡았으니 한심하기도 하고 또한 안타까웠을 것이다.

나는 매일 아침 조금 일찍 출근하여 신기조 수석부사장, 김상연 기술부사장, 이교선 행정부사장 및 이승재 감사와 함께 아침 다과를 하며 기도의 시간을 가졌다. 직원들이 출근하기 전에 모인 임원들은 모두 한국전력에서 평생을 봉직해 온 존경받는 간부들이었다. 그분들의 의견을 경청하면서 내 아이디어를 제시하고 반응을 살폈다. 한 분 한 분 유능하고 직원들로부터 존경받는 그들은 내가 제시하는 엉뚱한 제안들을 신중하지만 긍정적으로 살펴 주었다. 사장이 중재하는 간부회의가 끝나면 부사장단이 다시 한 번 사장의 제안을 긍정적으로 검토하는 간부회의를 열었다. 다소 엉뚱한 제안이라도 비판하지 않고 수용하는 방향에서 검토하여 젊은 사장의 참신한 제안을 실현하게 해 준 그 당시 임원분들을 나는 평생 고마워했다.

회사 이름을 한국전력기술주식회사(KOPEC)로 개명하자마자 수주 용역이 용이해졌고 직원들의 사기가 충천하기 시작했다. 그렇게 어렵던 용역 수주가 우리의 뜻과 일할 능력이 있으면 할 수 있다는 확신이 생겼고 실제로 그렇게 회사 업무가 돌아가기 시작했다. 회사는 안정적인 흑자 경영으로 돌아섰다. 획기적인 사건이었다. 나는 항상 감사드리는 마음을 갖고 있다. 한국전력 중역들의 협조가 있었으며 한국전력 담당자들의 적극적인 후원이 있었다. 적자로 고생하는 자회사를 살려야겠다는 공감대가 이루어졌다.

1982년도 사장 취임 6개월 만에 상당한 이익을 올린 한국전력기술은 회사 발전을 위해 도와 준 분들에게 감사 표시를 하기로 했다. 우선 한국전력기술의 협력업체로 애써준 중소기술회사들 중 특별히 고생을 같이 해준 회사들에게 감사의 표시와 간단한 행사를 했다. 을의 입장에서 애쓰면서 일해준 회사들에게 갑의 입장에서 스스로 고마움을 표시하였으니 그분들은 이런 일이 있을 수 있냐고 당황하기까지 하였다. 또한 회사의 핵심인 기술자들의 모교 중 가장 많은 기술자를 교육시켜 보내준 한양대학교에 감사의 표시로 장학금을 전달하기도 하였다. 부탁도 안 했던 3,000만 원의 장학금을 전달받으면서 우리의 설명을 듣던 한양대학교 김연준 이사장의 모습은 지금까지도 뇌리에 생생하다. 진정한 감사의 뜻이 담겨 있는 장학금이 노 교육자의 심금을 울리게 한 것이다.

삶이 겸손과 감사의 모습이 될 때 우리 사회는 아름다운 사회로 변할 것이다.

우리나라 원전산업을
종속형에서 자주형으로

나는 한국전력기술에서 원자력발전의 기술 자립과 설계 표준화를 추진했다. 미국과학재단에서 1979년 벌어졌던 스리마일섬(TMI) 원자력발전소 사고의 원인 분석과 대응 정책을 연구하면서 원전 안전을 위해서는 건설과 운전을 포함한 설계 표준화가 중요하다는 사실을 절감했기 때문이다. 아울러 한국 같은 기술 후발국이 원전과 같은 고등기술을 안전하게 사용하고 기술 자립화를 이루려면 '설계 표준화'가 절대적으로 필요하다고 믿게 됐다. 모두가 시기상조라고 말렸지만 나는 과감하게 나섰다. 지금 하지 않으면 더욱 오랫동안 기술 종속국에 머물지도 모른다는 절박감이 나를 행동으로 이끈 것이 아닌가 싶다. 현재 전 세계에서 기술력과 안전성을 인정받는 한국형 표준 원전은 이렇게 첫걸음을 뗐다.

한국 표준 원전의 설계사업을 제시하고 그 작업을 위한 사업 개발을 시작하자 곧 어려운 도전이 원자력계에서 일어나기 시작했다. 우선 그때까지 우리나라에 들어와 자기들의 원전을 짓고 있던 외국 원전회사들의 반응이었다. 이들 외국 원전회사들은 스스로 개발한 원전 기술을 당연히 귀하게 여겼고 기술이전에 소극적이었다. 특히 우리나라에 이미 진출해 있는 이들 원전회사들은 한국의 경제 발전 상황을 파악하고 매력적인 시장으로 여기고 있었다. 우리나라가 기술 자립을 이루고 고유의 표준 원전 설계를 개발한다는 것은 달갑지 않은 제안이었을 것이다. 따라서 표준 원전 설계를 위한 인력 양성이나 고유 기술 이전을 꺼려하지 않을 수 없었다. 하지만 우리는 우리만의 장기 비전이 있었다. 원전 보유국일 뿐만 아니라 원전 수출국으로 발전하려면 기술 자립을 이뤄 국제 시장으로의 진출을 미리 준비해야 했다.

모든 사안에는 흑·백 양면이 있다. 미국의 스리마일섬 사고로 인해 미국 전력회사들은 원전 건설 계획을 취소하기 시작했고, 이미 발주된 원전도 중도에 취소되었다. 이뿐만 아니라 건설이 완성된 원전까지도 운전을 포기하는 상황이 일어났다. 이러한 원전 시장의 한파는 기존 원전회사들의 존폐 위기를 가져왔다.

스리마일섬 사고를 일으킨 B&W사가 상업 운전을 포기하였고, 미국 전력사업을 이끌어 온 웨스팅하우스와 제너럴 일렉트릭사도 준 비상경영을 준비해야 했다. 정부가 지원하고 있는 프랑스의 프라마톰, 캐나다의 캐나다원자력공사 등은 건전히 유지되고 있었으나 미래 전망이 밝지 못했다. 하지만 아이러니하게도 이러한 부정적인 원전산업 환경은 에너지의 97%를 수입해야 하는 한국에게는 원전 기술 자립을 위한 절호의 기회가 되었다. 과감한 기술 자립 계획을 실천할 수 있는 여건이 생성된 것이다.

미국 원전회사 중 막내라 할 수 있는 컴버스천엔지니어링(CE)사는 기존 가압경수로(PWR)보다 월등한 장점을 갖고 있는 System 80을 개발하였고, 팔로 베르데 원자력발전소를 성공적으로 건설하고 운전 준비를 하였다. 에너지부 차관이었던 셸리 브루어가 CEO를 맡았고 유능한 기술자 프랑크 베빌라쿠아가 CTO를 맡고 있었다. CE의 원전은 출력 사이즈를 바꾸더라도 기본 설계는 바꾸지 않아도 되는 기술적 장점을 가지고 있었다. 즉 가압경수로(PWR) 경쟁사인 웨스팅하우스는 30만㎾급 단위의 증기 발생기를 60만㎾급 PWR에는 2개, 90만㎾급 PWR에는

3개, 120만kW급 PWR에 4개를 설치하는 개념이었지만, CE의 증기발생기는 100만kW급이나 140만kW급에 관계없이 모두 2개를 설치하기로 하였으니 표준설계의 사이즈를 축소 또는 확대할 수 있는 장점이 있었다. 전력망이 확대되는 시장에 신축성 있게 대응할 수 있게 된 것이다.

한국전력기술은 표준 설계 사업 초창기에는 자체 비용으로 작업해야 했다. 표준 설계 준비기에는 자체 자금만으로도 설계 사업을 추진할 수 있었지만 본격적으로 사업이 진전되어 표준 설계 개념을 정립시키고 타당성 검토를 하기 위해서는 외부 자금이 필요했다. 한국전력에서 자금을 지원받기 어렵다는 것을 알게 된 우리는 정부의 과학기술처에 특별연구개발비 지원을 신청하였다. 과학기술처는 당초부터 기술 자립의 중요성을 인식하고 있었기 때문에 한국전력기술이 제출한 제1기(Phase1) 한국 원전설계 표준화 사업을 지원하도록 결정하였다.

제1기 보고서의 중요한 결론은 한국의 표준 원전 설계는 가압경수로(Pressurized Water Reactor: PWR)로 하고 크기는 한국 전력망의 크기를 고려하여 100만kW급으로 해야 옳다는 결론이며, 앞으로 전력망이 성장하면 140만kW급으로 올릴 수 있는 원전 모델이 유익하리라는 건의였다. 그러나 가장 중요한 것은 기술 제공자가 전폭적으로 한국의 기술 자립 의지를 존중하고 기술 이전에 협조해야 한다는 것이었다. 우리나라 원전산업을 종속형에서 자주형으로 바꾸어야 한다는 과감한 발상이었다.

이러한 한국전력기술의 장기 비전 정책이 초창기부터 지금까지 지속된 것은 한국전력기술의 전문 기술자들의 사기를 북돋았고 결국은 개발도상국에서 기술선진국으로 인정받으며 중동의 산유국 UAE에 APR1400 원전 4기를 성공적으로 수출할 수 있는 기반을 마련한 것이다.

아랍에미리트(UAE)에 짓고 있는 바라카 원전 1, 2, 3, 4호기 건축 현장.
3세대 한국 표준형 원전(APR1400) 기술을 적용했다.

한국전력기술에 한국 첫 사내 대학원,
인재 끌어모은 '신의 한 수'

한국전력기술주식회사(KOPEC) 사장을 맡은 나는 기술 자립을 위한 한국형 표준 원전 설계를 목표로 과학기술처 연구비를 받아 1983~85년 1단계 사업을 진행했다. 이를 위해 미국 원전기술을 바탕으로 자체 모델을 개발한 프랑스의 원전기술 자립 전략을 참조했다. 한국형 표준 원전은 안전성이 높은 가압경수로(PWR) 방식에 용량은 당시 국내 전력망 크기를 고려해 100만kW급으로 잡았다.

한국은 부족한 전력 사정과 비싸진 유가에 대응하려고 원전 사업을 확대했지만, 자체 기술이 없어 외국 회사에 일을 맡기고 외국 기술자들로부터 일을 배워야만 했던 시기다. 기술 빈국에서 벗어나려면 기술 자립의 주체가 될 인재 양성이 무엇보다 중요했다. 이를 위해 한국전력기술에 원전 실무기술을 가르치는 직장대학원을 설치했다. 대학·연구소·기술회사의 최고 전문가를 초빙해 강의를 맡겼고 직원들도 적극적으로 호응했다. 미래에 그 분야 최고 전문가가 될 기회였기 때문이다. 이사회도 장기적 기술 자립을 위해 투자를 지지했다.

문교부에서 정식인가를 받은 대학원은 아니었지만 사내 인사규정에서는 이를 인정하고 우대 호봉까지 받도록 했다. 사내 연구센터를 설치해 최신 안전설계와 운전방법도 가르쳐 스스로 연구하고 개발하는 기풍을 만들려고 노력했다. 사훈인 '열심

1985년 한국전력기술 사내대학원 강의 모습

히 공부하고 성실하게 일하자'는 한국전력기술의 사명이자 비전이 됐다. 사내대학원 제1회 졸업식은 많은 언론의 주목을 받았다. '한국 최초 직장대학원 졸업식'이라며 사회면 톱기사로 보도한 신문도 있었다.

그러자 다른 업체의 실력 있는 기술자들이 모이면서 회사는 하루가 다르게 발전했다. 한국전력기술은 한국의 원전 사업을 이끄는 주요 업체가 됐으며 많은 젊은이가 꿈꾸는 직장이 됐다. 미국원자력학회 한국지부도 창립하고 외국의 저명한 원전 관계자가 방한하면 초청 강연을 열어 직원들을 교육하면서 세계 과학기술계에 한국전력기술의 이름을 알렸다.

간부의 해외연수 프로그램도 병행했다. 기술 선진국의 엔지니어링 회사 운영 노하우를 살펴보고 직원을 이끌어야 한다는 이유에서 전원 예외 없이 보냈다. 그런데 지원부서 임원 한 분이 찾아와 "영어 소통이 어려워 연수를 갈 수 없다"며 사양 의사를 밝혔다. 나는 "그곳 임직원이 어떻게 사는지만 보고 와도 된다"고 설득해 미국 길버트 엔지니어링 운영지원과에 3개월 연수를 보냈다. 한국 라면 두 박스를 챙겨 떠났던 그가 귀국 뒤 직원들을 모아놓고 했던 연설이 지금도 기억에 남는다.

"연수에서 많은 걸 배웠다. 특히 엔지니어링 회사에 돈을 벌어오는 사람은 기술부서 기술자들이니 우리 지원부서는 그들 위에 군림하려 들지 말고 그들을 최대한 도와야 한다. 회사 미래는 기술 자립에 달렸다."

교육과 연수의 가장 큰 목적은 이처럼 사람을 바꾸는 일이라고 믿는다.

한국전력기술에서 보낸 4년은 행복했다. 고통받던 아들이 신장이식을 받고 다시 학교에 다닐 수 있게 됐고 회사는 세계적인 엔지니어링 회사로 성장해 갔다. 한국형 표준 원전 설계도 착착 진행됐다.

아웅산 테러, 희생자 명단에
나라 이끌던 최고 관료와 외교관들

　　　　　　　　　한국전력기술주식회사(KOPEC) 사장을 맡아
한국형 원전 개발에 나선 1983년, 국가적 참사가 벌어졌다. 나
는 그해 10월 미국원자력학회 국제협력위원 자격으로 중국을
방문해 워크숍에 참가했다. 한국과 중국이 수교를 맺기 전이기
에, 중국원자력학회 총회에서 연설하고 관련 인사들을 두루 만
나 향후 협력 창구를 만든 것은 의미가 상당했다.

　나는 방중을 앞두고 비슷한 시기 전두환 대통령을 수행해 동
남아와 대양주로 출장을 떠나는 김재익 경제수석을 만났다. 김
수석은 "동남아가 앞으로 한국의 협력 대상으로 떠오를 것이니
이번 방문은 한국 경제의 다음 도약을 위한 좋은 계기가 될 것"
이라고 기대했다. 나는 "앞으로 중국이 개방되면 정치·외교·경

제·과학기술 분야에서 한국과 협력해야 할 것"이라고 확신하며 서로 대화를 나눴다. 이 만남이 마지막이 될 줄은 꿈에도 몰랐다.

중국 상하이(上海)에 도착했더니 1980년 설립된 중국원자력학회(CNS)가 사절단을 맞았다. 1979년 1월 미국과 수교해 본격적으로 경제개발에 나선 중국은 원자력 발전에 관심이 많았다. 1981~82년 국무원 전력공업부장을 맡아 전기공급을 총괄하던 리펑(李鵬)이 1983년 6월 부총리를 맡아 경제 발전을 위한 에너지 확보에 골몰하던 때였다. 1988~98년 총리로서 경제 발전을 이끈 그는 1948~55년 소련에서 수력발전을 전공했는데 원자력에도 비상한 관심을 보였다.

그때 만난 중국 원자력 과학자들은 소련보다 미국 유학파가 훨씬 많아 관련 기호나 수식을 미국식으로 따르던 점이 인상적이었다. 방중단장인 루이스 매닝 먼칭(L. Manning Muntzing) 미국 원자력학회장은 원자력 전문 변호사로, 미 행정부가 원자력 개발과 규제 행정을 따로 분리해 독립성을 강화하는 아이디어를 제공했다. 원자력은 과학기술은 물론 경제·행정·법률 등 수많은 분야가 협업할 수밖에 없음을 잘 보여준다.

워크숍을 마치고 서부 도시 시안(西安) 방문을 준비하는데 중국 인사가 전해준 신문에 미얀마의 아웅산 묘소를 참배하던 한국 순방단이 폭탄 테러를 당했다는 비보가 실려 있었다. 순간 친구인 김 수석의 얼굴이 떠올랐다. 사상자 명단을 입수해 살펴보던 나는 털썩 주저앉고 말았다. 김 수석은 물론 서석준 부총리 겸 경제기획원 장관, 이범석 외무부 장관, 김동휘 상공부 장관, 서상철 동력자원부 장관, 함병춘 대통령비서실장 등이 순직했다. 이기욱 재무부 차관, 강인희 농림수산부 차관, 김용한 과학기술처 차관 등도 유명을 달리했다. 어려운 상황에서 나라를 이끌던 최고의 관료와 외교관들을 잃었다. 김 수석은 전두환 대통령이 "경제는 당신이 대통령이야"라고 말했을 정도의 '경제 두뇌'였다.

나는 중국 방문의 남은 일정을 취소하고 급거 귀국해 김재익 수석의 집을 찾았다. 나는 고인의 어머니와 부인 이순자 여사와 함께 오열했다. 북한 소행으로 밝혀진 아웅산 테러로 한국은 충격에 휩싸였다. 하지만 슬픔과 분노가 전부가 아니었다. 뒤에 남은 우리는 먼저 간 동료·선배를 대신해 할 일이 너무도 많았다.

중국 누르고 따낸 원자력 국제회의,
미국과 막후 협상이 결정타

1983년 미얀마에서 벌어진 아웅산 묘소 테러의 아픔이 채 가시기도 전에 나는 '태평양 연안국 원자력 회의(PBNC)' 유치를 위해 박세직 당시 한국전력 수석 부사장과 함께 워싱턴에서 열린 미국 원자력학회 가을총회에 참석했다. 그때만 해도 우리나라에서 대규모 국제 학술 행사를 연다는 것은 없었던 경험이었다.

미국원자력학회가 주관하는 '태평양 연안국 원자력 회의(PBNC)'가 한국의 원전산업을 소개하고 국제협력을 통한 기술 자립을 한 차원 높이는 데 중요했기 때문이다. PBNC는 태평양 연안 국가뿐만 아니라 원자력 연구·개발과 발전에 참여하는 모든 국가의 전문가 회의다. 국제원자력기구(IAEA)의 연차총회는 주로 핵무기 비확산을 다루지만 PBNC는 원자력의 평화적 이용을 위한 과학기술과 안전 정책을 다뤘다.

영어 연설에 능한 박세직 부사장, 과학기술처 원자력위원과 한국의 IAEA 이사를 역임한 이병휘 박사가 회의 유치에 크게 기여했다. 이 박사는 카이스트 원자력공학과 교수로 많은 후학을 양성했으며 학교에 그를 기리는 '이병휘 원자력정책센터'가 2011년 7월 문을 열었다. 미국원자력학회의 국제협력위원이자 이사였던 나는 유치 업무를 맡아야 했다.

우리 대표단은 워싱턴에서 예상하지 못한 문제에 직면했다. 중국도 야심찬 원자력 개발 계획을 발표하며 PBNC 유치를 신청한 것이다. 소련과 사이가 나빴던 중국이 미국과의 관계 개선을 원했고, 미국은 소련을 견제하려고 중국과의 관계 증진을 추구했다. 미국 원자력학계의 중진들은 한국과 중국의 PBNC 개최 신청을 받고 고심하기 시작했다. 중국의 원자력부장(장관)은 총리 물망에 오르던 리펑이었다. 게다가 중국의 많은 기술자가 미국에서 훈련받았기 때문에 우리에게는 만만치 않은 경쟁자였다.

상황이 미묘해지자 나는 루이스 매닝 먼칭 미국원자력학회장, 존 그레이 이사 등 미국원자력학회 간부를 만나 막후 교섭을 벌였다. 중국의 신청을 어떻게 다루는가를 고심하는 그들에게 PBNC 유치 결정을 1985년도뿐만 아니라 1987년도까지 함께 진행하자고 제안하였다. 아직 국제무대에 익숙하지 않은 중국 대표단을 서울 PBNC에 초청하겠다고 약속하였다. 과거 미국이 중국과 '핑퐁 외교'를 펼쳤듯 서울 회의에 미수교국인 중국 대표단을 초청해 한중 '원자력과 과학기술 외교'를 펼치겠다고 제안했다. 이 말을 듣는 순간 먼칭 학회장의 표정이 환히 밝아졌다. 제안이 깊은 인상을 남겼는지 PBNC 이사회는 만장일치로 1985년은 서울, 1987년은 중국 베이징을 개최지로 결정했다.

임무를 마친 박 부사장은 귀국하자마자 국가안전기획부 차장으로 자리를 옮겼다. 나는 성낙정 한국전력 사장이 한국중공업으로 전임하면서 후임으로 부임한 박정기 사장의 지휘를 받아 한국전력기술(KOPEC)의 한국형 표준 원전 설계사업과 PBNC 개최 준비에 몰두했다. 최동규 동력자원부 장관은 경제기획원 재임 당시 미래 과학기술자를 양성하는 한국과학원에 애정을 갖고 지원해 준 분으로 한국전력기술에도 남다른 관심을 보이며 PBNC 개최에 많은 도움을 주었다.

서울 PBNC 회의는 내용면에서나 국제회의 규모면에서도 대단히 성공적이었다. 중국 대표단도 참가하여 한국의 원자력사업을 본받아 대규모 원전 건설 계획을 수립하고 1987년도 개최하기로 결정된 베이징 PBNC 준비를 시작하였다. 서울 PBNC의 마지막 행사는 태평양 연안국 원자력 협력위원회(Pacific Basin Nuclear Cooperation Committee: PBNCC)의 결성이었다. 미국원자력회의(ANS)가 주도하였던 PBNC를 이제부터는 참가국 모두의 대표가 참석하는 운영회의가 주도하도록 할 뿐만 아니라 앞으로의 PBNC를 통하여 평화적 원자력에너지 활용을 진흥하고 지역협력체(Regional Cooperation)로 운영하겠다는 우리의 제안을 참가국 모두가 찬성하여 PBNCC를 결성한 것이다. PBNCC의 공동회장으로 미국원자력학회의 매닝 먼칭 박사와 내가 선임되었다. 그 PBNCC가 PBNC 회의를 주관하다가 지금은 태평양 원자력 협의회(Pacific Nuclear Council: PNC)로 개칭하여 책임을 수행하고 있다. 나로서는 국내 원자력 사업에서 나아가 국제 원자력 협력사업에 진출하는 기회가 되었고 국제원자력기구(IAEA)와 긴밀히 일하게 된 기회가 된 것이다.

1985년 서울에서 PBNC를 성공적으로 마무리할 수 있었던 것은 이처럼 수많은 사람의 도움 덕분이다. 이전까지 한국은 대규모 국제학술행사를 개최한 경험이 거의 없었지만, 이 회의를 치르면서 역량을 쌓을 수 있었다.

1986년 체르노빌 원전 사고로
지역 주민 9만 명 이주

1985년 서울 PBNC가 끝난 지 얼마 되지 않아 국제 원자력계는 큰 사고를 접했다. 소련의 우크라이나 지역에서 운전 중이던 체르노빌 원자력발전소에서 사고가 터진 것이다. 1986년 4월 26일 우크라이나 키예프 북쪽에 위치한 체르노빌 제4호 원전이 폭발하면서 다량의 방사능이 누출되는 참사가 일어났다. 체르노빌 원전은 소련이 개발한 RBMK-1000형이라고 하는 흑연 감속 비등형 원전으로 100만kW의 출력을 내는 원전이다. 사고는 수차례에 걸친 수증기·수소의 화학 폭발로 일어났으며 2명의 작업자가 그 자리에서 숨지고 직원, 소방관들이 심각한 방사선 상해를 입어 28명이 사망하고 그 지역에 사는 주민 9만 명이 이주하게 된 대형 사고였다. 방사능 구름이 서유럽 너머까지 이동하였다. 이 대형 사고로 인해 전 세계는 원전의 안전문제에 심각한 고민을 하게 되었다. 인근 독일의 탈원전 정책이 채택된 것도 이 체르노빌 사고 때문이라고 볼 수 있다.

우리가 간과하지 말아야 할 것은 체르노빌 원자력발전소는 흑연 감속로이고 비등 경수로라는 것이다. 원자탄 제조에 필요한 핵분열 물질에 최적인 흑연 감속로는 이제는 원자력발전소에 쓰이지 않는다. RBMK형 원자로는 소련(후에 러시아)에서 전부 폐쇄되었고 비등형 원자로를 더 이상 건설하지 않는다. 우리나라가 처음부터 비등형 원자로를 택하지 않고 가압형 원자로를 선택한 것은 올바른 판단이었다. 원자력을 평화적으로 이용하겠다는 취지에 맞는 선택이었다.

체르노빌 원자력발전소 사고가 일어나자 국제원자력기구(IAEA)는 원자력발전소의 안전을 지상과제로 지정하고 국제 전문가들을 모아 국제원자력안전자문위원회(International Nuclear Safety Advisory Group: INSAG)를 구성하였다. 나도 INSAG 초대위원으로 위촉받아 스리마일섬 원자력발전소, 체르노빌 원자력발전소 사고를 집중 검토하고 강화된 안전 규제 요건을 작성하였다. 모든 원자력발전소의 설계, 건설, 운전, 보수 및 운영 면에 반드시 지켜야 할 안전장치 및 안전조작의 지침을 제시하였다. INSAG 초대위원회에서 작성한 〈원자력발전소 안전의 기본 원칙(Basic Principles of Nuclear Safety)〉은 그때까지 각국이 독자적으로 제정하고 운영해 온 원자력발전소 안전수칙을 국제화하는 역할을 하였다. 초대 INSAG회의는 자주 개최되었으며 "안전문화"라는 중요한 어휘를 정착시켰다.

모든 새로운 기술은 태생기에 검증을 거쳐야 하고 사회 정착에 많은 시간과 노력이 필요하다. 원자력발전소 기술은 냉전 중 개발됐고 일반인에게 설명하기가 쉽지 않은 고도의 복합 과학 기술이었기에 더욱 혹독한 시련을 겪어야 했다.

고등기술원 만든 김우중
"나라 위한 것, 대우 이름 넣지 마시오"

2년 임기제인 한국전력기술(KOPEC) 사장의 두 번째 임기를 1985년 말 마감한 나는 다시 미국에 가서 아들 진후의 신장 치료에 전념했다. 오스트리아 빈의 국제원자력기구(IAEA)를 오가며 국제원자력안전자문위원회(INSAG) 12인 위원의 한 명으로도 활동했다.

그러던 중 김우중 대우그룹 회장이 여러 차례 연락해 에너지 분야를 육성하고 싶다며 아주대학교 석좌교수직을 제안했다. 기업·재단이 재정을 지원해 강의는 재량껏 하고 연구 기회를 최대한 제공하는 석좌교수 제도는 한국의 일반 대학으로는 아주대학교가 처음 도입했다. 김 회장이 1977년 사재를 털어 학교법인 대우학원을 설립하고 인수한 아주공과대학은 1981년

종합대학으로 승격하며 아주대학교가 되었다.

김 회장은 고교 선배로 청소년 시절부터 나를 각별히 아꼈다. 김 회장이 대우그룹을 창업해 '세계경영'을 시도한 것은 잘 알려졌지만, 대우재단을 세워 과학기술 진작을 위해 노력하고 월성 캔두(CANDU)형 원자력발전소 건설에 참여해 원자력 분야에도 기여한 사실은 비교적 덜 알려졌다. 나는 아픈 아들 곁을 지켜야 한다는 아버지의 심정과 조국의 부름에 응해야 한다는 과학기술자의 의무 사이에서 고민하다 결국 귀국을 택했다.

1987년 4월 아주대학교에 부임해 국내 첫 에너지학과를 개설하고 에너지시스템연구센터도 열었다. 에너지학과는 대학원 과정만 운영하며 전문가를 육성했다. 김 회장은 김효규 전 연세대학교 의과대학 학장을 아주대학교 총장으로 영입해 1988년 의과대학을 설치하고 1994년 아주대학병원을 세웠다. 경인 지역의 보건의료 수요가 급증할 것을 내다본 혜안이었다.

김 회장은 그룹 경쟁력을 키울 방안을 내게 물어왔다. 나는 "세계 경영을 지향한다면 최고 수준의 기술력을 갖춰야 하며 이를 위해서는 자체 고등기술연구원을 세워야 한다"고 제안했다. 과학기술의 중요성을 누구보다도 잘 알고 있던 김 회장은 이를 받아들였다. 1992년 아주대학교와 대우자동차·대우조선·대우 중공업 등 대우그룹 12개사가 산업기술조합 형태의 비영리 사단법인을 세워 고등기술연구원(IAE)을 설립했다. 경기도 용인 백암마을의 대우연수원 인근 부지 924만㎡(당시 도량형으론 280만 평)를 제공하고 지상 10층의 건물도 세웠다. 나는 고등기술연구원 창립 원장을 맡아 산학 협력을 추진할 수 있었다. 그런데 김 회장은 고등기술연구원 이름에 '대우'를 넣지 말자고 했다. 의

1994년 8월 아주대학교 에너지시스템연구센터 개소식에서 연설하는 정근모 박사

아해진 내가 이유를 물었더니 이런 대답이 돌아왔다.

"고등기술원은 대우그룹뿐 아니라 대한민국의 모든 산업계가 활용해야 하지 않겠소."

나는 순간적으로 가슴이 뜨거워졌다. 김 회장의 안목은 이토록 넓었다. 김 회장은 대우재단을 통해 학술계의 연구와 출판을 지원했고, 아주대학교를 통해 대학 교육과 의료 발전을 도모했으며, 고등기술연구원을 통해 한국 경제의 첨단 기술화를 추진하려고 노력했다. 불행히도 외환위기가 닥치면서 대우그룹은 무너졌지만, 아주대학교·대우재단·고등기술연구원은 여전히 건재하다.

CHAPTER 7

과학기술처 장관
두 번 맡다

한국 첫 위성 '우리별' 아버지 최순달로부터
한국과학재단 바통 넘겨받다

1987년은 우리나라로서는 역사적인 해였다. 장충체육관에서 간접선거로 당선된 전두환 대통령이 임기를 마감하면서 직접선거로 대통령을 선출하자는 민주화 운동이 강렬하게 일어났다. 여당의 노태우 후보는 이러한 민주화 열망을 수용하는 6.27선언을 하게 되었다.

나는 2년 임기직인 한국전력기술 사장의 두 번째 임기를 마감하고, 아주대학교 특임석좌교수로 부임하여 에너지시스템연구센터(Energy Systems Research Center: ESRC)를 설립하고 한국 최초의 대학원과정 에너지학과 창설을 준비하고 있었다. 아주대학교 교무처장을 역임한 김철 교수와 대학원장을 역임한 목영일 교수가 적극 호응하여 이 사업은 순조롭게 진행되었다.

그때 한국과학재단의 최순달 이사장이 전화를 걸어왔다. 최 이사장은 서울대학교 공과대학 전기공학과 출신으로 미국 스탠퍼드대학교에서 박사학위를 받고 캘리포니아공과대학 제트추진연구소에서 일하다 귀국했다. 금성사(현재 LG전자) 중앙연구소장으로 일하다 1981년 한국전기통신연구소(현재 한국전자통신연구원) 초대소장을 맡아 전전자 교환기(TDX) 개발사업을 펼쳐 '한국 정보통신의 선구자'로 불렸다. 1982~83년 체신부 장관을 지냈고 1985~87년 한국과학기술대학(현재 카이스트 학사과정) 학장으로 일하다 1987~89년 한국과학재단 이사장을 맡았다.

다채로운 경력만큼 업무 추진력도 강한 최 이사장은 내게 "미국과학재단 고위간부로 일한 경험이 있으니 우리 과학재단이 과학기술 발전에 기여할 정책을 구상해 달라"고 요청했다. 나는 아주대학교 에너지문제연구소(ESRC)를 기반으로 전문가팀을 구성해 '한국 대학계의 연구 활성화를 위한 정책연구'를 수행했다. 최 이사장은 내게 한국과학재단 정책자문위원장도 맡아 연구결과를 시행해 달라고 부탁해 이를 받아들였다.

그동안 정부에서는 기술개발을 촉진시키고자 출연연구소들을 설립하고 출연연구소에서 근무하는 과학기술자들로 하여금 응용연구, 개발연구, 설계연구뿐만 아니라 기술기업의 타당성 조사 업무도 맡겼다. 따라서 교육을 주 업무로 하는 대학교 소속 과학기술자들에게는 연구 개발비 지원이 미미하였고 그 결과 국가로서는 84%의 고급 과학자들이 당시 대학에서 근무하지만 교육 기능 이외에 국가 발전에 긴요한 역할을 할 수 없다는 취약성을 갖고 있었다. 미국과학재단은 설립 초기부터 대학에 소재한 고급 과학기술 인재 양성과 활용을 구상하였고 이를 위한 제도적 장치를 강구해 왔다.

우리나라는 극히 한정된 연구개발비를 출연연구소 중심으로 할당할 수밖에 없었기 때문에 대학의 과학기술 능력은 발전하지 못했고 대학은 교육 기능만을 강조하는 문화가 생기게 되었던 것이다.

한국과학재단은 이러한 과학기술 연구 풍토에 새 바람을 일으켜야 했다. 대학에 있는 과학기술 인재를 활용하는 시스템을 강구해야 했다. 과학기술 연구에는 두 가지 유형이 있다. 하나는 과학기술자 개인 중심의 연구이고, 다른 하나는 과학기술자 '집단'을 구성하여 대규모 연구능력을 기르고 연구업무를 수행하는 것이다. 1980년대 중반까지도 우리나라 대학에서 수행되는 연구활동은 교수 개개인의 연구활동의 성격이 압도적이었다. 집단 연구활동은 예산 지원의 부재로 거의 불가능하여 외국의 일류대학에서 운영하고 있는 대규모 연구시설과 같은 것은 꿈도 꾸지 못하였고, 연구비를 지원받더라도 1, 2년의 단기간의 지원이어서 대규모 장비가 필요한 연구는 엄두도 내지 못했다.

나는 대학 연구의 활성화를 위해서는 개인 단위의 연구지원도 필요하지만, 대규모로 장기간 지원을 받는 집단 연구도 지원해야 한다고 지적하였다. 프린스턴대학교의 핵융합연구소나 MIT의 전자연구소는 대학에 소재하지만 장기간의 정부지원을 받으면서 교수들과 학생들이 집단 연구를 성공적으로 해내고 있었다. 나는 이 모델을 제시하면서 우리나라도 정부의 장기 지원을 받으며 교수·학생이 대규모 집단 연구를 수행하는 체제를 도입하자고 제안했고 최 이사장과도 의기투합했다.

그런데 최 이사장이 1988년 11월, 5공 비리 조사특위의 청문회에 출석하는 일이 발생했다. 전두환 전 대통령의 대구공업고등학교 동문인 그는 1983년 일해재단의 초대이사장을 맡을 당시 기금 모금의 강제성 여부가 논란이 되자 증인으로 소환

1988년 한국과학재단 이사장을 맡은 정근모 박사가 소련 과학원의 프롤로프 부원장과 한-소 과학기술협력 및 과학자 교류에 관한 의정서에 서명한 뒤 교환하는 모습

됐다. 그 뒤 최 박사는 한국 과학재단 이사장직을 내려 놓고 카이스트 교수가 되어 1996년 정년까지 재직했다. 그동안 인공위성연구센터를 세우고 초대소장을 맡아 한국 과학사의 전설이 된 업적을 남겼다. 1992년 첫 한국 국적 위성인 우리별 1호를 발사해 한국을 22번째 위성보유국으로 만들면서 '인공위성의 아버지'라는 별명을 얻었다. 1993년 최초의 국내 제작 위성인 우리별 2호를 발사했고, 퇴임 뒤 2000년까지 명예소장을 맡아 최초 독자위성인 우리별 3호 발사까지 챙겼다.

공교롭게도 최 이사장 후임에 정책위원장인 내가 선임됐다. 아주대학교 특별석좌교수직을 휴직하고 자리를 맡으면서 내가 제안한 대학연구 개선 방안을 직접 실천에 옮기는 입장이 됐다. 새로운 도전이었다.

우수연구센터 지원 막히자
조순 부총리가 '특별예산' 내줘

1977년 설립된 한국과학재단(현재 한국연구재단으로 통합)은 정부가 지원하는 과학기술 기초연구비의 배분을 맡았는데 1988년 이사장을 맡은 나는 이를 활용해 대학의 연구 기능을 강화하려고 했다. 나는 장기 지원을 받으며 수행하는 대규모 집단 연구를 '우수연구센터 사업'으로 명명하고 이를 우선적으로 추진했다. 우수연구센터는 기초과학 핵심연구 과제를 담당하는 과학연구센터(SRC), 첨단산업의 기초기술을 중점 연구하는 공학연구센터(ERC)로 나누고 나중에 지역연구센터(RRC)를 추가했다.

우수연구센터로 선정되면 각 3년씩 3기에 걸쳐 총 9년간 매년 10억까지 지원받을 수 있도록 했다. 개별 학교의 울타리를 넘어 협력 연구가 가능하도록 적어도 5개 대학이 참여하고 해당 분야의 전문 교수 20명 이상이 참여하도록 요구했다. 1988년 여름, 'SRC·ERC 사업'으로 불리는 우수연구센터 프로젝트가 가동하면서 대학가의 연구 열기가 달아오르기 시작했다. 서로 다른 대학의 동일 분야 교수들이 함께 모여 연구 아이디어를 논의하고 격려하는 새로운 연구 풍토가 정착해 갔다.

문제는 자금이 부족했다는 점이다. 한국과학재단은 우선 자체 기금으로 사업을 시작한 뒤 정부에 특별 예산 지원을 요청했다. 그러나 과학기술처는 "정부 예산은 이미 5월 초 신청을 마감해 예산 배정이 어렵다"고 통고해 왔다. 나는 실망하는 한국과학재단 실무자들을 격려하면서 예산을 총괄하는 경제부총리를 직접 찾아 호소하기로 했다. 과학기술을 진흥해 잘사는 나라를 만드는 데 꼭 필요한 사업이기 때문에 신청 시한이라는 형식 논리를 뛰어넘어 추진할 방법이 꼭 있을 것이라는 신념이 있었다.

조순 경제부총리는 1968~88년 서울대학교 교수로 재직하며 학문적 업적을 쌓고 숱한 제자를 기른 경제학자였다. 서울대학교 상과대학을 마치고 미국 버클리캘리포니아대학교(UC버클리)

에서 경제학 박사를 받은 그는 1988~90년 경제부총리 겸 경제기획원 장관으로 일한 뒤 1992~93년 한국은행 총재를 맡았다. 선출직으로 1995~97년 서울특별시장, 1998~2000년 국회의원 (강릉 을)을 지냈다.

조 부총리는 내가 열정적으로 'SRC·ERC 사업'을 브리핑하자 경청하였고 끝나자마자 내 손을 덥석 잡았다. "정 박사, 고맙소. 이렇게 좋은 제안이라면 정부가 지원해야 하오. 부총리가 결정할 수 있는 예산이 남아 있으니 필요한 예산을 특별 배정하겠소."

나는 감격했다. 조 부총리의 격려와 예산 배정 약속을 받으면서 'SRC·ERC 사업'은 날개를 달았다. 140팀들이 넘는 우수연구센터 지원서는 전문가들이 심사해 지원을 결정했다. 나는 연구 지원이 취약했던 사립대와 지방 소재 대학이 꼭 선정돼야 한다고 강조했다. 우수연구센터가 서울대와 카이스트에만 집중된다면 사업 의미가 반감된다는 생각이었다. 사립대와 지방 소재 대학에 자리 잡은 교수들에게 장기적으로 연구할 터전을 마련해 주어야 한다는 논리였다. 결국 13개 SRC·ERC가 선정돼 사업이 시작됐다. 진통은 있었어도 새 시대는 열렸다.

1989년 IAEA 총회의장 놓고 경합,
한국인 최초 국제기구의 수장으로 선출

1988년 한국과학재단 이사장이 되면서 추진한 우수연구센터 사업은 예산 문제가 극적으로 해결되면서 순항했다. 어느 정도 정신적 여유가 생긴 덕분에 이듬해인 1989년 국제원자력기구(IAEA) 이사회·총회 참석을 위해 오스트리아 빈으로 향할 수 있었다. 나는 최광수 외무부 장관의 요청으로 IAEA 한국 몫 이사직을 맡았다. 최 장관은 외교관 출신으로 난세였던 최규하 대통령 시절(재임 1979~80년) 비서실장을 지냈다. 내게 IAEA 이사를 맡기면서 했던 이야기가 아직도 기억난다.

"정 박사, 당신은 원자력 전문가이지 않습니까. IAEA 이사회에 올라오는 안건에는 정치적 안건도, 기술적 안건도 있을 겁니다. 외무부 대사를 이사로 보내면 기술적 안건은 내용을 몰라 설득력 있게 의견을 말하기 힘들 것이고, 정치적 안건은 한국이 유엔 회원국이 아니라 발언해도 영향력을 행사하기 어려울 것입니다. 그러니 정 박사는 IAEA 이사로서 정치적 안건에는 본국 지시를 따르더라도 기술적 안건이 올라오면 소신 있게 의견을 피력해 주시오."

이런 격려에 더욱 자신감을 얻었지만 사실 나는 '태평양 연안국 원자력 회의(PBNC)'나 '국제원자력안전자문위원회(INSAG)'를 통해 국제 원자력 기술 안건을 충분히 파악하고 있었다. 그 당시 국제 원자력계는 미국 스리마일섬과 소련 체르노빌 원자력발전소 사고 뒤 IAEA에 적극적인 원자력 안전 활동을 요구하고 있었다. 그 결과 IAEA는 '핵확산 금지 조약(NPT)'을 넘어 국제원자력 안전규제에서도 핵심적인 역할을 했다. 나는 스웨덴 출신의 한스 블릭스 IAEA 사무총장(1981~97년 재임)과 실무자들을 수시로 만나 원자력 안전 분야와 관련해 도움을 줬다. IAEA는 회원국이 지킬 '원자력 안전 헌장'을 제정하고 안전문화 관련 제언도 내놨다. 이런 작업을 진작 했더라면 얼마나 좋았을까 하는 아쉬움이 컸다.

IAEA는 총회의장국과 이사회의장국이 각자 맡은 의결 활동을 하고 사무총장이 실무를 총괄하는 구조다. 1989년 총회의장은 동아시아 지역에서 맡을 순서였다. 처음에는 중국이 유력했지만, 천안문 사태가 터지면서 맡을 형편이 못 됐다. 일본은 총회가 아닌 이사회의 의장을 원했다.

결국 한국이 총회의장국을 맡을 가능성이 커지면서 내가 출마하게 됐다. 그런데 북한이 돌연 반대하고 나섰다. 내 표를 분산해 당선을 막으려고 자체 후보를 내기까지 했다. 하지만 투표당일 사회주의권인 동독의 대표가 나를 지지하는 연설을 했고, 소련마저 내 쪽으로 기울자 결국 북한 후보가 사퇴하고 물러났다. 총회는 만장일치로 나를 의장으로 선출했다.

사무국 직원들이 나를 지지하며 막후에서 도움을 주었다. 내가 원자력 안전 기술 관련 업무를 적극적으로 도와주어 그에 보답한 것으로 볼 수 있다. 최광수 외무부 장관의 충고대로 원자력 전문가로서 기술적 안건에 소신 있게 발언하고 행동한 결과이기도 했다.

IAEA 이사회 소속 각국의 적극적인 후원과 사무국 간부들의 호의적 분위기 조성으로 만장일치로 IAEA 의장에 당선된 것에 대해 국내 언론은 크게 보도하였다. 더욱이 그 당시 분할되지 않았던 소련이나 동독 대사의 적극적인 추천 발언은 의외였다. 내가 외교관 출신이 아니고 과학기술자로서 국제 원자력 현안에 적극적으로 참여하고 사무국 후원자로서의 이사 역할을 다한 것에 대한 감사의 표시였다.

IAEA 총회 일정을 마치고 귀국한 내게 격려의 말이 이어졌다. 특히 강영훈 총리, 서영훈 적십자 총재, 정주영 현대그룹 회장을 비롯한 우리나라 사회지도자들이 소공동 롯데호텔에서 베풀어 준 축하연은 너무나 감사한 추억이다. 강영훈 총리가 적십자 총재로 재임할 때 나는 청소년적십자(RCY)이자 어린이적십자(JRC) 동창 모임의 초대회장으로서 인사 드리고 종종 찾아 뵈며 가르침을 받았다. 서영훈 총재는 내가 경기중학교 2학년 때 한국에 처음으로 청소년적십자반이 결성되

1989년 국제원자력기구(IAEA) 총회의장에 당선한 직후 한스 블릭스 사무총장(왼쪽)과 나란히 자리한 정근모 박사

고 가르침을 받을 때부터 여러 사회 봉사활동을 통하여 모셨다. 정주영 회장님은 놀랍고 기발한 아이디어로 우리나라 경제계를 이끌었고 많은 청년에게 희망을 건넨 분이다.

롯데호텔 대연회장에 모인 분들은 내가 IAEA 의장직에 선출된 것을 세계화를 향한 대한민국 미래의 작은 징표의 하나로 여기며 기뻐하였다. 그 당시 야당 지도자였던 김영삼 대통령과 김대중 대통령의 축하 인사도 들을 수 있었다. 한국인 최초로 국제기구의 수장으로 선출된 것에 함께 기뻐하고 함께 축하했던 것이다. 나에게는 너무나 과분한 직분이었지만 이러한 격려와 응원으로 국제기구의 리더로서 역할을 다할 수 있었다.

IAEA 사무총장인 한스 블릭스 전 스웨덴 외무장관과 함께 세계과학기술장관회의를 개최하기로 하고 빈에 있는 IAEA 사무실에서 각국 대표를 접견하며 세계평화와 과학기술을 통한 경제 발전 방안에 대해 서로 머리를 맞대고 논의하던 일은 가슴 벅찬 추억이다.

노태우 대통령의 한밤 전화,
"과학기술처 장관 맡아 저를 도와주세요"

1988년 한국과학재단 이사장을 맡은 데 이어 1989년 국제원자력기구(IAEA) 총회의장까지 겸임하게 된 나는 국내외에서 바쁜 일정을 소화했다. 그래도 한국과학재단 이사장 임기만 끝나면 아주대학교로 돌아가 에너지시스템연구센터에서 학자로서 열정을 불태울 계획이었다.

그러던 1990년 1월 22일, 3당 합당으로 노태우 대통령의 민주정의당과 김영삼 총재의 통일민주당, 김종필 대표의 신민주공화당이 합쳐 민주자유당을 창당했다. 그뒤 노태우 대통령은 대대적인 개각을 준비했다. 그해 3월 금요 저녁 예배를 마치고 귀가해 취침 준비를 하는데 전화벨이 울렸다.

"이현우 경호실장입니다. 대통령께서 지금 통화를 원하십니다."

예상하지 못한 전화였다. 전화기 너머로 대통령의 목소리가 들렸다.

"세계적인 석학이신 정 박사께 부탁해야겠습니다. 우리나라를 위해 과학기술처 장관을 맡아 주셔야 하겠습니다. 저를 도와주시기 바랍니다. 감사합니다."

대통령의 말은 통고나 다름없었다. 나는 친구인 이상희 당시 과학기술처 장관이 유임될 것으로 알고 있었기에 대통령의 전화는 전혀 예상하지 못했다. 청와대는 이튿날 오전 10시 개각을 발표했고 나는 아무런 준비 없이 장관을 맡게 됐다. 업무 파악은 생각처럼 쉽지 않았다. 과학기술 정책에 대해선 나름대로 생각이 있었지만 인사 행정이나 산하기관 지도 및 타부처와의 협조는 직원들의 도움에 의존해야 했다.

장관으로서 최우선 과제는 명백했다. 한국과학재단에서 대학연구 활성화를 위해 시작한 '우수연구센터(SRC·ERC)'의 정착이었다. 이미 한국과학재단에서 지원을 시작했으며 정책 구상도 마쳤기 때문에 제도적 조치와 예산 지원만 계속하면 됐다.

둘째 과제는 이미 1973년 시작한 대덕연구단지의 완공이었다. 정부 출연 연구소는 국가 연구과제나 산업기술 개발의 핵

1990년 국제원자력기구(IAEA) 총회에서 연설하는 정근모 총회의장

심이었지만, 연구 인프라도 부족했고 주변에 교육·의료 시설도 제대로 마련되지 않았다. 나는 미국 버지니아메디컬센터의 한국인 석학인 이형모 박사의 자문을 얻어 미국국립보건원(NIH) 실험병원을 대덕에 설치하는 안을 추진했다. 의학 연구기관을 세우고 기존 과학기술 연구소와 연계해 최신 의학기술을 개발하면 국민 건강 수준을 높이고 연구원과 가족도 보살필 수 있을 것으로 믿었다. 이를 위한 준비위원회를 구성했지만 내가 장관에

서 물러나자마자 해산됐다. 의료계의 반응이 부정적이었기 때문이다.

셋째는 한국 산업계가 선진국처럼 과학기술 연구개발에 대거 투자하고 그 결과를 적극적으로 활용하는 시스템의 구축이었다. 나는 시장과 직결된 산업 현장의 연구개발 요구사항을 가장 잘 알기 때문에 '현장 기술혁신'이 경제 발전의 열쇠라고 생각했다. 이를 위해서는 기업인이나 산업 현장의 기술자들이 스스로 연구개발의 '묘미'를 알고 협업해야 할 필요가 있었다. 그래야 산업계와 학계, 연구분야 간의 협력도 가능하며, 출연 연구소도 활성화할 것이기 때문이다. 고심하던 차에 1990년 8월 뜻하지 않은 일이 발생했다.

'IR52 장영실상' 힌트 준 사람은
전두환 정부 때 쫓겨난 과학자

과학기술처 장관으로 일하던 1990년 8월 초 국무회의 참석차 과천 과학기술처에서 서울 정부종합청사로 향하던 중 잠시 짬을 내 남대문 근처의 단암산업 사장실에 들렀다. 사장인 이경서 박사는 내 친구로 서울대학교 공과대학에 1년 다니다 미국 매사추세츠공과대학교(MIT)로 유학을 떠나 학사·석사·박사 과정을 마친 기계공학 전문가다. 귀국해 한국과학기술연구소(KIST)를 거쳐 국방과학연구소(ADD) 대전기계창('유도탄 연구소'의 암호명)에서 유도탄 개발 사업인 '백곰사업'으로 자주국방의 기틀을 닦았다. 조선·기계·자동차·중공업 등 기계공업 육성책도 입안했다.

그런데 1979년 10월 26일 박 대통령 서거 뒤 출범한 전두환 군사정권은 이듬해에 돌연 국방과학연구소 과학기술 인력의 3분의 1인 800여 명을 해고했는데 이 박사는 1호로 희생됐다. 신군부는 한국원자력연구소도 폐쇄하려 했지만, 관료와 과학기술자들의 강력한 반대로 명칭만 한국에너지연구소로 바꿨다는 이야기가 있다. 도덕성 없는 군사정권이 미국의 인정을 받으려고 자주국방과 에너지 자립의 핵심을 없애려 했다는 주장도 있다. 정부는 몇 년 뒤 사과했지만, 정치군인들의 국방과학연구소 집단 해고는 참으로 통탄할 일이다. 국방과학연구소 과학기술자들의 숨은 공헌을 잊지 말아야겠다.

이날 만난 이경서 박사는 내게 날카로운 질문을 했다.

"국가가 막대한 연구개발비를 지원하는 이유는 국방과학을 키워 안보를 지키고 기술개발로 산업 경쟁력을 강화하라는 것인데, 지금의 과학기술 정책이 과연 그렇게 하고 있는가?"

이 박사의 비판은 거셌지만 옳은 말이었다. 기술혁신의 75%는 현장에서 일어나는데 과학기술계는 학자들의 논문·특허 건수에 집착하며 산업 현장을 제대로 돌보지 못했다. 다시 정부종합청사로 향한 나는 현장의 기술혁신과 기업의 연구투자를 촉진할 방법을 놓고 고민에 빠졌다. 그 순간 미국과학재단의 과학기술정책 연구부장에서 미국경영협회 간부로 이직했던 앨 빈 박사가 떠올랐다. 빈 박사의 제안으로 미국에서는 매년 산업기술 우수사례 100개를 선정해 연말에 'IR100'이라는 상을 준다. 정부가 인정하는 산업기술 혁신상이다. 한국에서 연 100개는 힘드니 매주 하나씩, 연 52개를 뽑으면 가능할 것 같았다.

그래서 'IR52'를 제정하자고 생각하면서 세종로를 지나는데 문화부가 1990년 8월 '이달의 문화 인물'로 장영실을 선정하고 이를 알리는 현수막을 걸어놓은 것이 보였다. 순간 무릎을 쳤다. 상의 이름을 'IR52 장영실상'으로 하고, 자체 산업기술 개발자들에게 시상하고 홍보하면 기업인의 기술개발 투자와 현장 과학기술자의 사기 진작에 도움이 될 것 같았다.

그날 국무회의 도중 나는 관련 계획을 공책에 적었다. 국무회의가 끝나자마자 청와대 행정관인 송옥환 과장(나중에 과학기술처 차관을 지냄)과 유희열 기술인력 국장에게 연락해 상의 제정을 논의하고 추진에 나섰다. 1991년부터 지금까지 시행되고 있는 'IR52 장영실상'은 이렇게 탄생했다.

우리나라의 경제 발전은 수출지향 산업진흥에 기조를 두어왔다. 천연자원이 빈곤하고 산업발전에 필수적인 고품질 전력원이 부족한 나라이니 우수한 두뇌자원을 개발하여 경쟁력을 갖추고 저렴한 고품질 전력원을 가져야 수출시장에서 승리할 수 있는 것이다. 냉정한 세계시장에서는 우수기술에 바탕을 둔 기술경쟁력이 필수다. 또한 저가의 고품질 전력원인 원자력 발전이 우리의 경쟁력을 지탱해 주었다. 이를 숙지한 우리나라 정책입안자들은 노벨상을 추구하는 과학정책보다 시장, 특히 수출시장의 기술경제에서 이길 수 있는 '기술경제성 과학기술 정책'을 선택하였던 것이다. '과학을 위한 과학(Science for Science)'이나 '경제만을 위한 과학(Science for Economy)'만 고집하지 않고 장기적인 국가 발전에 목표를 둔 '기술경제를 위한 과학(Science for Techno-Economic Vision)'을 주장했던 것이다. 지난 50년간 한국 경제의 발전은 전 세계 모든 나라의 관심과 치하를 받을 만하다고 학자들은 평가하고 있다.

　IR52 장영실상은 이러한 관점에서 기획되었다. 세종대왕은 애민(愛民) 왕도(王道) 정치를 펼친 현군이다. 학문을 사랑했으나 중심을 온 백성이 어떻게 하면 잘살 수 있게 하느냐에 두었고 이를 위해 양반들의 반대에도 불구하고 천민 출신 장영실 선현을 기술개발에 정진하도록 보호했던 것이다. 더욱이 공리에 빠진 당파싸움의 붕당정치를 멀리하고 훈민정음 제정, 아악 정비, 인쇄술 발전, 국방 강화 등 민생을 위해 과학기술을 발전시켰다.

나는 IR52 장영실상을 제안하면서 세종대왕의 어진 정치와 장영실 선현의 업적을 알리면서 우리 산업계가 과학기술 경제를 추진하기를 바랐다.

시상은 한 달에 한 번씩 수상자들이 팀으로 받게 하였고 연구를 허용하고 후원한 기업가도 기술자팀과 같이 수상하도록 하였다. 심사는 산업기술진흥협회가 맡고 홍보는 일찍이 장영실 과학기술 선현을 창업 당시부터 추앙한 매일경제신문에 부탁하였다. 지금도 기억나는 것은 첫 번째 IR52 장영실상을 현대자동차의 알파엔진 개발팀이 받은 것이다. 장영실상을 수상했다는 사실을 사업체마다 광고하고 제품에 수상마크를 붙여 홍보하였다. 지금은 IR52 장영실상이 외국에도 많이 알려져 있다. 포상금은 없는 상이지만 그 권위는 세계화되고 있다.

'안면도 핵처리시설'에 성난 민심,
정부는 희생양이 필요했다

1990년 3월 19일, 12대 과학기술처 장관을
맡은 뒤 눈코 뜰 새 없이 바쁜 나날을 보냈다. 과학기술은 국제
적 성격이 강해 국제협력 행사가 수없이 열렸고 외빈 방문도 줄
을 이었다. 국제원자력기구(IAEA) 총회의장 임무도 수행하면서
내가 제안한 세계과학기술장관회의를 빈에서 열기도 했다. 과
학기술은 장기계획이 필수적이므로 그동안 개별적으로 구상했
던 정책들을 정리해 1990년대 과학기술 종합개발 정책을 세우
려고 했다. 1970년대에 한국형 미사일을 개발한 이경서 박사의
힌트대로 '장기적인 국가 발전을 목표로 하는 기술경제를 위한
과학'을 강조하며 관련 정책 개발에 나섰다.

그런 와중에 그해 10월 말, IAEA 총회를 마치고 귀국해 한

창 건설 건설 중이던 대덕과학연구단지를 찾았는데 과학기술처 산하인 원자력연구소의 소장이 급히 나를 찾았다. 소장은 안면도에 건설할 원자력연구소의 '사용후 핵연료 처리 연구시설'에 대해 보고했다. 장관직 인수 때도 듣지 못한 내용이었다. 원자력연구소가 주무부처인 과학기술처의 이상희 전임 장관과도 충분한 논의 없이 충청남도와 협의해 일을 진행하고 있었다. 물론 결정된 것은 아무것도 없었다.

더 큰 문제는 일주일 뒤에 터졌다. '안면도에 핵처리시설이 들어온다'는 기사가 보도되자 지역 주민이 반발해 대규모 시위가 벌어졌고 정부는 크게 당황했다. 몇몇 주민 대표와 지역 정치인들이 장관실에 찾아왔다. 나는 그들에게 현황을 상세하게 설명했다. 방사성 물질을 안전하게 취급하는 것이 과학적으로 가능하며, 정부가 이를 최종적으로 결정하려면 여러 단계의 과정을 밟아야 한다고 설명했다. 차근차근 설명을 이어가자 주민 대표들의 얼굴에서는 불안감이 사라지기 시작했다. 나는 진실한 대화를 하면 풀리지 않는 일이 없을 것이라는 생각에서 그들의 질문에 친절하게 답변했다. 한 주민 대표는 "장관께서는 꼭 학교 선생님 같아요. 이렇게 친절하게 대해 주실 줄은 몰랐습니다"라고 말했다. 주민 대표단은 내게 들은 설명을 다른 주민들에게 전달하겠다고 약속하며 떠났다. 하지만 이들은 시위대에 의해 격리됐고 사태는 더욱 격렬해졌다.

나는 11월 8일 강영훈 총리를 만나 사의를 표명했다.

"원자력 주무장관으로서 도의적 책임을 지겠습니다."

"정 장관 취임 전에 일어난 일 아닙니까? 책임질 일이 아닙니다."

"주무장관이 모르는 사업인 건 맞지만, 국민은 책임지는 정부를 바라지 않겠습니까?"

이튿날 강 총리가 전화를 걸어와 청와대에서 내가 도의적 책임을 지겠다는 뜻을 받아들였다고 전했다. 취임 7개월 20일밖에 되지 않은 장관을 물러나게 한 이유는 청와대가 우선 시위부터 진정시키려고 했기 때문이다. 성난 군중을 무마하기 위해 희생양이 필요했던 셈이다.

나는 다시 아주대학교 석좌교수로 돌아가 고등기술연구원 설립 작업을 마무리할 수 있었다. 잠시 정부에 갔던 교수가 돌아오니 동료 교수나 대학원 학생들은 대환영이었다. 역시 나의 천직은 교수임을 느낄 수 있었다.

YS, 칼국수 오찬에 불러 장관 제의, 고사했지만 임명 강행

1990년 12대 과학기술처 장관으로 짧은 기간 정부에 봉사하고 대학교수로 돌아오자 바쁜 일정이 기다리고 있었다. 국내외 초청 강연과 학회 참석을 통해 수많은 학자와 교제하는 가운데 미국원자력학회는 한국인 학자로서는 처음으로 나를 중진회원(Fellow)으로 뽑아주었고 학회이사로도 선임했다. 뉴욕공과대학과 헌팅턴대학교에서는 명예박사학위도 수여했다. 미국의 밀러드 풀러 변호사가 1976년 시작해 지미 카터 전 대통령이 크게 발전시킨 해비타트(사랑의 집짓기) 운동에 동참할 기회도 찾아왔다. 1992년 한국해비타트 이사장을 맡아 2015년까지 23년간 봉사할 수 있었다.

아주대학교 에너지시스템연구센터도 본격적으로 가동했고,

고등기술연구원(IAE)도 1992년 7월 인가가 났다. 나는 고등기술연구원 초대원장에 취임해 300명 이상의 과학기술자와 온 힘을 다해 일했다. 그러던 1994년 말, 김준엽 아주대학교 이사장이 나를 불렀다. 독립운동가 출신의 김 이사장은 1982~85년 고려대학교 총장 재임 중 군부독재와 대립하다 강제로 물러났으며 1989~99년 아주대학교 이사장으로 재임했다. 김 이사장은 내게 "아주대 교수들에게 후임 총장 추천을 받아보니 정 박사가 압도적인 지지를 받고 있다"며 "마음의 준비를 하라"고 말했다. 이어 모교인 미시간주립대학교의 졸업식에 참석해 명예박사학위를 받고 연설해 달라는 연락이 왔다. 학자로서 대학 총장을 맡는 일도, 모교에서 명예박사를 받는 것도 더할 나위 없이 기쁘고 감사할 일이다. 아내는 총장직을 수행하려면 학위복이 있어야 한다며 새 학위복을 마련해 주었다.

미시간주립대학교에서 명예박사학위를 받고 귀국하니 김영삼 대통령이 나를 오찬에 불렀다. 그 당시 청와대 오찬 메뉴는 그 유명한 칼국수였는데 너무 뜨거워 쉽게 먹을 수가 없었다. 김 대통령의 말씀이 시작됐다.

"정 박사, 과학기술이 곧 국력이 아니겠소? 우리나라가 많은 발전을 이루었지만, 아직도 멀었소. 정부에 들어와 과학기술처를 맡아 주시오."

나는 정중하게 사양의 말씀을 드렸다.

"감사합니다. 하지만 저는 이미 과학기술처 장관직을 맡아 실패한 경험이 있습니다. 제게는 교수직이 천직인 것 같습니다."

내 말을 들은 김 대통령은 창밖으로 청와대 뜰만 바라보고 아무 말도 하지 않았다. 나는 한이헌 경제수석의 배웅을 받으며 청와대를 나왔다. 그런데 며칠 뒤 고등기술연구원 강당에서 새로 입사한 젊은이들에게 '과학기술을 통한 대한민국의 미래 비전'을 강의하고 있는데 비서가 작은 쪽지를 건넸다. '지금 개각 발표에서 과학기술처 장관에 다시 임명됐다'는 내용이었다.

결국 1994년 12월 24일 나는 대학 총장의 꿈을 버리고 15대 과학기술처 장관으로 다시 입각하게 됐다. 반갑고 다행스러운 것은 평소 존경하고 따르던 이홍구 박사님이 12월 17일 국무총리에 임명된 일이다. 나는 안심하고 일할 수 있겠다는 자신감을 갖게 되었다.

장관 수명 1년, 이벤트는 차관에 맡기고 고등과학원과 우수연구센터에 올인

내가 1990년 처음 과학기술처 장관을 맡으면서 배운 깨달음의 하나가 '장관 수명은 평균 1년'이라는 것이다. 인사·정책 결정과 실무 집행을 속전속결로 해야 한다는 이야기다. 1994년 12월 24일 '재수생 장관'이 되자마자 즉시 인사를 시작했다. 한이헌 청와대 경제수석비서관에게 구본영 교통부 차관과 임창열 조달청장을 과학기술처 차관으로 추천했으며 26일 구 차관이 발령받았다. 취임 첫 주에 차관보급 3명도 임명했다. 기획관리실장에는 송옥환 청와대 과학기술국장, 연구개발실장에는 국방과학연구소에서 백곰사업 핵심 간부로 일했던 김정덕 박사, 원자력 실장에는 상공부의 김세종 전력국장을 각각 발탁했다. 주미대사관 과학관은 박홍일 국장을 지명했다.

첫 간부회의에서 나는 "장관으로서 꼭 하고 싶고, 해야 할 일에만 전념하려고 하니 행사성 업무는 가급적 차관과 차관보가 맡아 달라"고 부탁했다. 내가 원하고 실무자들과 함께 추진하려던 업무 가운데 첫째는 고등과학원(KIAS) 설립이었다. 미국 프린스턴 고등연구소처럼 기초 과학자들이 자유롭게 연구에 전념할 수 있는 고등과학원을 서울 홍릉의 한국과학기술원(KAIST) 옛 교정에 1996년 10월 세웠다. 홍릉의 교수아파트·학생기숙사·강의동을 활용해 세계 최고 과학자들과 한국의 최우수 과학자들이 기초 과학 분야에서 최첨단 연구에 마음껏 몰두하도록 지원했다. 가난 탈출을 위한 경제개발을 이끄는 과학기술을 넘어 이제 '노벨상에 도전하는 기초과학의 전당'을 만들겠다는 의도도 있었다. 현재 수학부·물리학부·계산과학부를 운영하며 창의적 과제 중심의 연구를 수행하고 있다.

둘째는 한국 과학기술자들에게 '미래 무한 청정 에너지원'인 핵융합을 연구할 기회를 제공하는 일이다. 이는 1995년 12월 '국가 핵융합 연구개발 기본계획'을 확정하고 이듬해 1월 핵융합연구개발사업단을 발족하면서 시작됐다. 2007년 9월 '인공태양'으로 불리는 차세대 초전도 핵융합 연구장치인 케이스타

(K-STAR)가 완공되고 국가핵융합연구소(현재 한국핵융합에너지연구원)가 설립돼 본격적인 연구를 펼치고 있다. 현재 프랑스 남부 카다라슈에 짓는 국제핵융합실험로(ITER) 건설을 한국 과학기술자들이 이끄는 것은 이런 투자가 밑거름이 되었다.

셋째는 항공우주 종합계획 수립이다. 이를 통해 우리 손으로 우주정거장을 만들고 첨단 과학기술 연구를 수행할 뿐 아니라 유도탄 방어망을 구축해 북한 핵무기나 미사일을 쓸모없는 쇳덩어리로 전락시키고 싶었다. 나는 국제원자력기구(IAEA) 총회 의장 시절부터 북한의 핵무장 계획을 퇴치하려면 핵무기를 무력화하거나 사용할 수 없도록 방어체제를 구축해야 한다고 확신했다. 과학기술을 활용해 평화를 지키는 일이다.

나는 1990년 장관에서 물러났던 원인인 핵폐기장 문제에도 적극적으로 대응했다. 취임하고 한 주가 갓 지난 1995년 1월 1일, 당시 핵폐기장 부지로 선정돼 있던 인천 앞바다 굴업도를 방문했다. 바다는 잔잔했지만 거친 업무가 나를 기다리고 있었다.

활성단층의 저주,
굴업도 핵폐기장 건설 없던 일로

       과학기술처 장관에 두 번째로 취임하고 일주일 뒤인 1995년 1월 1일, 핵폐기장 부지로 선정돼 있던 인천 앞바다 굴업도를 조용히 방문했다. 섬에는 7가구가 거주하고 있었다. 정부는 주민 보상금과 건설비 등 예산 600억 원을 책정해 놓고 있었다. 주민들과의 협상도 중요했지만, 굴업도가 핵폐기물 저장시설 입지로 적합하지 않다며 원자력연구소 연구원들이 반대시위를 벌이는 것도 보통 일이 아니었다. 가장 좋은 해결책은 과학적인 조사와 검증이었다. 이에 지질연구소에 국제 전문가를 동원해 지질조사를 조속히 시행하도록 지시했다. 몇 달 뒤 중국 베이징 출장 중 굴업도를 조사한 지질학자의 전화를 받았다.

"굴업도에서 최근에 형성된 단층이 세 개나 발견됐습니다. 핵폐기물 저장소로 부적합합니다."

지질학에서 '최근'이라면 통상 50만 년을 말한다. 50만 년 이내에 형성된 단층을 '활성단층'이라고 부르는데 이것이 있으면 핵폐기물 저장 시설을 지을 수 없다. 나는 당장 과학기술처 차관에게 전화했다.

"모든 계획을 취소하세요. 굴업도에서 활성단층이 발견됐습니다."

며칠만 늦었으면 정부가 건설사와 계약을 맺고 주민들에게 보상금을 나눠 줬을 아찔한 상황이었다. 만일 그런 다음에 뒤늦게 활성단층이 발견됐으면 사태는 걷잡을 수 없이 전개됐을 것이다. 신속하게 과학적 조사와 검증에 나선 덕분에 최악의 위기에서 벗어날 수 있었다. 한숨 돌린 나는 귀국 뒤 굴업도를 대신할 핵폐기물 저장시설 마련 방안을 고민했다. 눈을 밖으로 돌려 인적이 드문 몽골이나 시베리아에 국제 핵폐기물 저장시설을 건설하고 한국이 이를 지원하는 방안도 좋다고 생각했지만, 쉽사리 결론이 나지 않았다.

그런데도 김영삼 대통령과 이홍구 총리의 절대적 신뢰에 힘

입어 나는 재수 장관으로서 추진한 고등과학원(KIAS) 설립, 핵융합 연구기반 조성, 항공우주 종합계획 수립이라는 3대 과제는 신속히 실현할 수 있었다. 과학기술 분야 석학들의 교류와 활용 기구인 한국과학기술한림원(KAST)의 발전도 돕게 됐다. 15대 과학기술처 장관으로 취임한 지 한 달도 안 된 1995년 초 한림원 초대원장 조완규 박사가 장관 취임 축하차 찾아왔는데 대화 중 한림원이 사무실도 없이 어려운 살림을 하고 있다는 이야기를 들었다. 어떻게든 돕고 싶었는데 1995년 예산에 반영하기는 늦었으므로 독지가의 도움이 필요했다.

1992년 고등기술연구원(IAE)을 세울 때 "국가를 위한 연구 활동을 하라"고 당부했던 김우중 대우그룹 회장이 생각나 한림원 후원을 부탁했다. 내 이야기를 경청한 김 회장은 그 자리에서 한림원의 임시 사무실을 과학기술재단총연합회빌딩에 얻을 수 있도록 3억 원을 쾌척했다. 한림원은 지금은 법정기구가 돼 국가 예산을 지원받아 성남시 분당에 자체 건물을 보유하고 있다. 한림원은 좋은 업적을 낸 과학기술자들을 활용하고 과학기술 분야의 국제협력을 주도하는 기관으로 성장하고 있다.

'한국 표준형 원자로' 첫 상업 운전, 장관 두 번 한 보람 느껴

1994년 12월에서 96년 9월까지 두 번째 과학 기술처 장관에 재임하면서 큰 보람을 느낀 일이 있다. 한국전력 기술(KEPCO) 사장 시절인 1984년 시작한 '한국 표준형 원자로(KSNP)' 사업이 본궤도에 오른 일이다. KSNP는 1989년 계통 설계를 마무리하고 그해 12월 착공한 전남 영광의 한빛 3호기에 처음 적용돼 과학기술처 장관 재임 중이던 1995년 3월 31일 첫 상업 운전에 들어갔다. 4호기도 1996년 1월에 상업 운전을 시작했다. KSNP는 미국 컴버스천엔지니어링(CE)사의 1,300만kW급 '시스템 80'을 모델로 한국 실정에 맞는 1,000만kW급 2세대 가압경수로형 원자로를 공동 설계해 완성한 기종이다. 2005년 수출을 목적으로 OPR-1000으로 이름을 바꿨다. 지금까지 12

기를 국내에 건설해 안전하게 가동하고 있으며 한국이 자랑하는 원자력발전소 산업의 핵심이 됐다.

이를 바탕으로 2002년 성능과 안전성이 더욱 강화된 1,400만 kW급 3세대 가압경수로형 원자로 APR-1400을 설계해 국내는 물론 아랍에미리트(UAE)의 바라카 원자력발전소에 4기를 한국 최초로 수출하기에 이르렀다. 개선된 원자력발전소 안전설계 지침을 따른 APR-1400 설계 모델은 확장된 한국 전력망의 기초 모델로서 한국과 UAE는 물론 원자력발전소 건설을 계획하거나 추진하는 여러 나라의 기본 고려 모델로 자리 잡고 있다.

APR-1400은 2018년 9월 28일 미국 원자력규제위원회(NRC)로부터 표준설계승인서 본심사를 통과해 개가를 올렸다. 본심사 통과는 표준설계가 안전규제 요건을 만족했음을 확인받았다는 의미가 있다. 프랑스 국영 원자력발전 설비업체인 아레바(AREVA)와 일본의 미쓰비시가 2007년 12월 이를 신청했지만, 아레바는 심사가 중단됐고 미쓰비시는 심사가 지지부진한 상태다. APR-1400의 안전성과 기술력이 얼마나 뛰어난지를 생생하게 보여준 사례다. 본심사 통과는 과학기술과 엔지니어링, 그리고 에너지 분야에서 국가적 경사인데도 너무도 조용하게 지

미국 원자력규제위원회(NRC)가 한국형 표준 원전인 APR1400 설계에 대해 발부한 설계안전인증서. 한국 원전의 안정성을 미국이 확인했다는 증서다.

나가서 유감이다.

OPR-1000과 APR-1400에 이어 1,500만㎾급 차세대 신형 원자력발전소인 APR+도 2007년 8월 개발을 시작해 2014년 8월 정부의 표준설계 인가를 얻으면서 개발을 마쳤다. 후쿠시마 제1 원자력발전소 사고의 원인이 된 전원 상실은 물론 항공기 충돌이나 화재 등 극단적인 돌발 상황에도 원자력발전소를 안전하게 보호할 수 있도록 격리설계를 적용하고 안전설비를 4중화했다. 국내 기술로 독자 개발한 수출 선도형 고성능 고유연료

(HIPER)를 사용하는 등 완전히 한국 고유 기술로 개발했다. 전 세계에 수출할 수 있는 세계 최고 수준의 원자력발전소 기술을 한국이 독자적으로 확보한 셈이다.

한국은 이제 시공 능력은 물론 기술력으로 봐도 세계 원자력 에너지 분야의 선도 국가다. 이는 한 세대 이상의 시간에 걸쳐 수많은 대한민국 과학기술자가 눈물과 땀으로 이룩한 결과다. 이런 과학기술 업적을 경제 발전과 국민 복리를 위해 적극적으로 활용하는 합리적 결단이 필요하다.

섭씨 1억 도 '인공태양' 만들어,
7개국 연합 프로젝트 이끌다

과학기술처 장관 재직시 원자력과 함께 매연·탄소 배출 없는 미래 청정에너지로 주목받는 핵융합 에너지의 개발을 시작한 것도 보람이다. 1995년 12월 '국가 핵융합 연구개발 기본계획' 확정에 이어 1996년 1월 핵융합연구개발사업단이 대덕연구단지에 출범했다. 퇴임 한참 뒤인 2005년 10월 핵융합연구센터를 거쳐 2007년 9월 국가핵융합연구소(NFRI)가 발족했고, 이후 2020년 11월 한국핵융합에너지연구원(KFE)으로 승격되었다.

플라스마 온도를 섭씨 1억 도까지 올리는 한국형 차세대 핵융합 실험로인 케이스타(K-STAR)가 같은 시기 완공됐다. '인공태양' 케이스타의 건설과 실험 결과는 한국·미국·러시아·중국·인도·일본·유럽연합(EU) 등 7개국이 공동으로 30년간 진행하는 국제핵융합실험로(ITER) 프로젝트의 모델로 자리 잡았다.

이처럼 국제 협력은 과학기술 발전에 필수적이다. 영국의 왕립학회, 스웨덴의 과학아카데미, 전미과학공학의학한림원(NASEM)은 모두 이에 주력한다. 한국은 한·미 간 군사동맹으로 국가안보를, 경제·과학기술 협력으로 발전의 기틀을 각각 다졌다. 한국은 20세기 과학기술 문명의 기수인 미국과 협력해 전문가를 양성하고 수준 높은 공동연구를 할 수 있었다. 김영삼 대통령은 1995년 7월 방미 중 재미 과학자 200여 명 앞에서 샌프란시스코 연설을 하면서 한·미 과학기술 협력의 중요성을 재확인했다. 그 뒤 600만 달러의 예산으로 한·미과학협력센터(KUSCO)를 워싱턴 근교에 설립했다. KUSCO는 한·미 과학기술 협력의 핵심이자 재미과학기술자협회(KSEA) 본부, 그리고 한국 발전에 공헌하려는 차세대 한인 과학기술자들의 보금자리로 자리 잡았다.

장관 재직 중 진행한 우수연구센터(SRC·ERC) 사업은 대표적 정부지원 과학기술 집단사업으로 정착해 대학 내 연구 분위기를 다지는 초석이 되었다. 1988년 한국과학재단 이사장 시절 착수했던 이를 바탕으로 정부가 1991년 5월 시작한 '선도기술개발사업(G7 프로젝트)'은 2000년대 주요 7개국 수준의 과학기술 능력을 확보하자는 과감한 도전이었다. 도전하는 나라만이 선진국에 진입할 기회를 잡을 수 있다고 생각한다.

장관 임기를 1년이라고 여긴 나는 실무자들과 기획을 진행하면서 전문가들과도 협업해 업무 속도를 냈다. 그 당시 믿고 따라 준 관료들과 적극적으로 도와줬던 박영일 박사(전 이화여대 부총장), 신성철 박사(현 KAIST 총장), 이공래 박사(전 DGIST 기획처장), 오세기 박사(전 KINGS 총장), 최기련 박사(전 고등기술연구원 원장)에게 감사드린다.

취임 1년을 앞둔 1995년 12월 책상과 서랍까지 정리하며 물러날 준비를 했지만 유임됐고 구본영 차관(나중에 과학기술처 장관)이 청와대 경제수석으로 옮겼다. 임창열 조달청장(나중에 경제부총리·경기도지사)이 후임 차관으로 왔다. 그 뒤 나는 항공우주개발과 과학기술의 세계화에 주력했다.

YS 지시로 IAEA 사무총장 도전, '보이지 않는 손'에 막혀 좌절

21세기 초일류 국가가 향한 과학기술 정책이 하나둘 실현될 즈음 갑자기 이수성 총리로부터 전화가 왔다.

"김영삼 대통령께서 정 장관에게 국제원자력기구(IAEA) 사무총장에 입후보하라고 하십니다." 이수성 총리의 통보였다. 이에 따라 나는 1996년 8월 7일 과학기술처 장관에서 물러나 대한민국 원자력 대사와 원자력 위원 자격으로 IAEA 사무총장 선거에 나섰다. 과학기술처 차관을 지낸 구본영 청와대 경제수석이 후임을 맡았다.

IAEA는 유엔(UN) 다음으로 주목받는 국제기구다. 그 당시 북핵 문제가 떠올라 IAEA 사무총장은 긴밀한 한·미 공조가 필수적인 자리였다. 미국도 당연히 큰 관심을 보였다. 젊었을 때 평화봉사단원으로 연세대학교에서 학생을 가르쳤던 제임스 레이니 주한 미국대사는 어느 미 외교관보다 한국과 한국인을 사랑했다. 그는 나의 입후보를 환영했고 도와주려 했다.

나중에 알았지만, 미 국무부에서는 내 입후보에 대해 양론이 있었다. 외교·과학기술 실무자들은 환영했지만, 정보 계통에서는 반대했다고 한다. 반대 이유는 IAEA 사무총장은 예민한 정보를 접할 수 있어 국제기밀이 한국 정부에 알려질 수 있다는 우려였다. IAEA는 핵무기 비확산을 위한 기구인 만큼 유엔보다 더욱 예민한 국제기구다.

IAEA 관련 한국 주무부서인 외무부는 미 정보기관의 우려에 무게를 뒀던 모양이다. 레이니 대사를 포함한 한·미 외교 책임자들은 내가 이런 문제를 충분히 처리할 수 있다고 믿었다. 내가 IAEA 총회의장을 맡았을 때 함께 일했던 한스 블릭스 사무총장도 적극적으로 지지하며 조언했다.

"한국 정부가 정 박사의 공식 후보지명서를 보내면 1차 투표에서 무난히 당선할 겁니다. 하지만 미국과 한국 내의 반대 의견도 상당하니 유념하세요."

1차 투표 입후보자는 나 외에 스위스의 원자력 외교전문 교수와 이집트의 주영대사가 있었다. 후보지명 시한이 얼마 남지 않은 시기에 이 총리가 연락했다.

"대통령께서 정 장관의 IAEA 사무총장 입후보를 승인했으니 걱정하지 말고 열심히 선거 운동을 하세요."

하지만 외무부는 기한까지 지명서류를 IAEA에 제출하지 않아 입후보가 좌절됐다. 이 사실이 알려지자 레이니 대사가 나를 오찬에 초대했다.

"너무 실망스럽습니다. 김 대통령의 결정에 반해 입후보 지명서류 제출을 보류한다는 게 말이 되나요? 나는 대사를 마치고 본국으로 돌아가기로 결정했습니다."

레이니는 온화한 성품이었지만 이 일엔 단호했다. 끝까지 지지해준 데 감사한다. 그는 얼마 뒤 조지아주 애틀랜타에 소재한 에모리대학교 총장을 맡아 이 대학을 미국 남부의 명문으로 키웠다. 구한말 개화파 윤치호가 1891~93년 유학했던 유서 깊은 대학이다.

레이니 대사의 한국 사랑과 개인적으로 내게 보내준 신뢰는 잊을 수가 없다. 내가 한국해비타트 초대이사장으로 취임한 후 처음 의정부에 주택 세 채를 지었을 때 레이니 대사도 참석해

감사기도를 올려주었다. 이때 그는 자신의 장모가 한국의 집 없
는 사람들을 위해 써달라고 보낸 헌금이라며 250달러 수표를
전한 일도 반드시 기억해야 할 '남기고 싶은 이야기'다.

CHAPTER 8

미국한림원에
휘날린 태극기와
해비타트 운동

몸 둘 곳 없는 이들 위한 집짓기,
해비타트 운동으로 또 다른 삶

1996년 국제원자력기구(IAEA) 사무총장을 맡아 핵무기 개발을 종식하고 더욱 안전한 원자력으로 지구온난화를 해결하는 데 이바지하겠다는 과학자의 꿈은 아쉽게도 접어야 했지만 할 일은 많았다. 고등기술연구원(IAE) 원장으로 복귀하면서 젊은 연구진이 도전하는 청정에너지 기술인 '석탄 가스화' 연구에 기대를 걸었다. 석탄 가스화는 화석연료인 석탄을 고온·고압에서 산소와 물을 가해 합성가스로 만든 뒤 오염 원인인 황 화합물 등을 제거해 고효율·친환경 복합발전에 이용하는 기술이다. 지금도 연구 중인 첨단 친환경 에너지 기술로 2030년까지 1,200조 원의 블루오션 시장이 기대된다고 한다.

하지만 1998년 국내 2위, 세계 18위 기업집단인 대우그룹

해비타트 창시자인 밀러드 풀러(왼쪽)와 함께한 정근모 박사

이 무너지면서 고등기술연구원의 연구도 어려움을 겪었다. 한국 경제는 외환 위기로 힘들어졌고 국민은 새 정부를 선택했다. 1998년 2월 들어선 김대중 정부는 2001년 4월 한국전력 발전 부문을 한국수력원자력 등의 6개 자회사로 분할했고, 발전설비를 만들던 공기업 한국중공업을 두산그룹에 매각했다. 돌이켜보면 엄청난 시련기였지만 미래를 위해 새로운 청사진과 리더십이 필요한 때이기도 했다.

그때 귀한 친구의 조언이 기억났다. 해비타트(사랑의 집짓기)

운동의 창시자 밀러드 풀러의 권고가 새롭게 떠오른 것이다.

지미 카터 미국 대통령이 1981년 재선에 참패하고 은퇴해 고향인 조지아주 플레인즈로 돌아왔을 때 카터에게 자원봉사자로서 제2의 인생을 살도록 권유한 사람이 풀러다.

닉슨 대통령의 후임으로 대통령직에 오른 포드 대통령은 닉슨의 잔여 임기는 채웠지만 정치적 개혁을 갈망한 미국 국민들은 1976년 대통령 선거에서 민주당의 지미 카터 조지아 주지사를 선임하였다. 지미 카터 대통령은 워싱턴을 중심으로 한 미국 국내 정치나 국제 정치와는 거리가 먼 신실한 기독교인이었다. 카터 대통령의 어머니는 고령에도 불구하고 인도에 가서 선교사로 헌신하였고, 카터 대통령의 영부인 로잘린 여사도 신실한 기독교인으로서 검소하게 살아왔다. 주일마다 교회 주일학교 교사의 직분을 성실히 맡은 카터 대통령은 신실한 기독교인으로 존경을 받아 미국 대통령직에 오르게 되었다. 그러나 정치, 특히 세계 정치를 이끌어야 하는 미국 대통령직은 만만치 않았다. 더욱이 에너지 파동으로 요동치는 세계 경제를 풀어나가야 하는 상황에서 대통령은 이상론에서 벗어나 현실 정치를 기민하게 처리해야 하는 입장이었다.

지미 카터 대통령은 선하고 신실한 지도자였지만 세계를 이끄는 미국을 경영할 경험의 부족으로 전 세계를 이끌 만한 준비는 되어 있지 못했다. 결국 재선에서 실패했고 캘리포니아 주지사 로날드 레이건에게 대통령직을 내주고 자신의 고향인 조지아주 플레인즈로 돌아갔다. 이 은퇴가 아름다운 전직 대통령의 시작이란 것을 아무도 몰랐다. 왜냐하면 플레인즈 옆동네에서 밀러드 풀러라는 열정적인 변호사가 1976년부터 가난하고 집 없는 서민에게 집을 지어주는 해비타트(Habitat) 운동을 시작하였던 것이다. 해비타트는 자원봉사자들이 집을 지어 열악한 주거환경에서 사는 사람들에게 분양한 뒤 무이자로 조금씩 갚아나가게 하는 국제적·비영리적 사회봉사 운동이다.

자칫 '실패한 대통령'으로 기록될 뻔했던 카터는 헌신적인 해비타트 봉사로 '가장 사랑받는 전직 미 대통령'으로 거듭났다.

호서대 총장직을 맡은 중에도
이어간 해비타트 운동

미국과학재단의 에너지 기술개발 사업으로 시작된 나와 카터 대통령과의 인연은 해비타트 운동으로 연계되었다. 나는 풀러 변호사의 권유로 해비타트 운동에 참여하게 되었고 한국해비타트 초대이사장으로 20년 동안 봉사하면서 국내외에서 카터 대통령과 함께 땀을 흘리는 놀라운 일이 일어난 것이다.

미국에서 아픈 아들을 두고 기도드릴 때 성령의 세례를 받고 거듭난 기독교인이 된 나는 언젠가는 기독교인답게 사랑과 봉사에 전념해야겠다는 생각을 했는데, 해비타트가 바로 그 응답이 되었다. 내가 생각하는 가장 행복한 사람은 하나님의 부름을 받고 하나님께서 맡겨주신 일에 전념하는 사람이다. 나는 집이 없어 행복한 가정을 이룰 수 없는 무주택 가정들에게 집을 지어 주고 행복한 가정을 일구는 해비타트 운동으로 봉사 활동에 참여하게 된 것이다. 그 일을 할 때 내가 고위 공직자로 정부에서 일한 경험이 큰 도움이 되었다. 여러 분야의 많은 사람을 만

건축 자원봉사를 하는 정근모 한국해비타트 이사장

났고 많은 사람이 좋은 일을 하고 싶어 한다는 것을 깨닫게 되었다.

한국해비타트가 의정부에 3채의 집을 지어 첫 번째 집을 신체장애자 부부 가정에 분양한 것은 뜻깊은 일이었고, 그 일을 계기로 한국해비타트가 공익 법인으로 등록하게 되었다. 나는 초대이사장직을 맡아 20년간 해비타트 젊은이들과 함께 땀을 흘렸고, 2015년 이후 명예이사장으로 봉사하고 있다. 해비타트 운동을 위해 초창기에 헌신한 고왕인 박사와 최영우 사무국장의 열정을 잊을 수 없다.

해비타트 운동을 하면서 믿음과 소망, 사랑을 넉넉히 체험할 수 있었다. 이를 통해 아름다운 젊은이들, 따뜻한 사회인들, 이웃을 도우려는 어른들, 낮은 데로 임하는 기업인도 많이 만났다. 그들은 이름을 드러내지 않고 기부하고 땀을 흘리며 서로 격려했다. 우리 사회가 비록 부족하고 개선할 점이 많지만 기본적으로는 소망과 비전, 사랑이 있는 사회라고 믿게 됐다. 그런데 21세기를 열게 된 2000년 내게 귀한 기회가 찾아왔다.

2000년 여름, 해비타트 집짓기로 바쁘게 지내고 있을 때 호서대학교 설립자이자 총장인 강석규 장로가 나를 찾아왔다.

"정 박사가 미국의 조건 좋은 평생 교수직을 포기하고 귀국한 것은 국가와 민족을 위해 봉사하겠다는 뜻이었다 알고 있소. 특히 아들의 병으로 어려울 때 그 같은 결정을 할 수 있었던 것은 신앙으로 거듭났기 때문이라 알고 있소. 그러니 이제는 기독교 대학을 맡아 후배 양성에 진력해 보는 것이 어떻겠소?"

이렇게 말하며 본인이 설립하고 스스로 맡고 있던 호서대학교 총장직을 권하였다.

나는 기도하였다. 그렇지 않아도 여러 곳에서 총장직을 권했다. 충남 천안과 아산에 있는 호서대학교는 설립된 지 얼마 안 된 기독교 대학이었다. 흥미로운 것은 어느 대학보다 먼저 벤처(Venture)의 중요성을 강조하고 학생들로 하여금 새로운 과학기술을 통한 벤처를 하도록 준비시키고 장려하고 있었던 것이다. 특히 공대 교수들에게는 적극적으로 벤처를 시작하도록 독려하고 연구비도 지원하고 있었다. 독특한 구상이었고 또한 내가 역설해 왔던 과학기술경제의 실무 모델이 될 수 있을 것 같았다. 나는 강 총장의 제의를 수락하였다. 무엇보다도 해비타트 사회 봉사활동도 자유롭게 진행할 수 있게 되었다.

해비타트 운동의 중심이 된 '지미카터 워크프로젝트(Jimmy

Carter Work Project, JCWP)'는 매년 카터 대통령 부부와 함께 대규모 '번개건축'을 실행하는 사업이다. 2001년 JCWP는 남아공에서 열리기로 계획되어 있었으나 나는 풀러 총재와 의논하여 2001년 JCWP를 한국에서 열도록 추진하였다. 준비할 시간이 얼마 안 남았으나 집 없는 가정들을 위해 대대적으로 해비타트 활동을 하게 된다면 기독교 대학으로서도 올바른 일이라 판단하였다.

대학교가 소재한 아산시 인근의 도고온천 지역에 마침 마땅한 대지 9,000평을 찾을 수 있었다. 공장 대지로 준비되어 있던 땅이었으나 금융위기로 건설을 포기한 21번 국도변에 위치한 대지였다. 국제 해비타트의 금융지원으로 단 하루 만에 대지를 인수할 수 있었다. 이미 급수시설도 되어 있어 언제라도 대규모 마을을 조성할 수 있었다. 이 '화합의 마을'은 한국해비타트뿐만 아니라 전 세계의 '해비타트 모범 마을'로 선정되기도 하였다. 나는 감사의 기도를 드렸다. 마치 내가 호서대학교 총장직을 맡은 것은 우리나라 서민 생활 향상을 위한 해비타트 운동을 일으키라는 명령 같았다.

2001년 JCWP는 한국에서 진행되었지만 국제 해비타트의 주관 사업이었다. 부지 확보, 입주자 선정, 자원봉사자 모집, 건축비 모금 등 할 일이 너무 많았다. 국제 해비타트는 번개건축 사업에 경험이 많았지만 우리 한국해비타트로서는 벅찬 사업이었다. 준비 기간도 짧았고 경험도 부족하였다. 내 자신에게는 엄청난 책임이었지만 그 책임을 다하려 노력하였다.

수술 받은 아들 "왜 천사 세 분이 와 계시죠?", 두 달 뒤 먼저 하늘로

2001년 1월 총장실에서 함박눈이 내리는 창 밖을 보고 있는데 전화벨이 울렸다. 미국에서 걸려 온 며느리 전화였다. 신부전증을 앓던 아들 진후가 다시 수술해야 한다고 했다. 입원한 미국 버지니아메디컬센터에 도착했더니 수술을 마친 아들 모습이 의외로 평온했다. "해비타트 일로 바쁘실 텐데 왜 오셨어요?"라며 오히려 내 걱정을 했다. 담당 의사는 "수술이 잘 됐다"고 했다. 그런데 아들이 "아버지! 왜 이 방에 천사님 세 분이 와 계시죠?"라고 말했다. 놀라서 의사에게 재차 상태를 물었지만 "일주일 뒤면 퇴원할 것"이라고 했다.

이를 믿고 귀국해 다시 학교와 지미카터 워크프로젝트(JCWP)에 매달렸다. 한 달 뒤 대학 입학식을 마치고 교수들과 다과를 나누는데 아내가 전화해 떨리는 목소리로 "진후 병세가 악화해 의식을 잃었다"고 전했다. 아들 곁으로 가며 끊임없이 눈물을 흘렸다. 걱정하지 말고 해비타트에 몰두하라던 모습이 자꾸 떠올랐다. 병원에 도착했을 땐 이미 가망이 없는 상태였다. 의사 안내에 따라 생명연장 장치를 내 손으로 제거했다. 마지막 모습을 보니 그 어느 때보다 밝고 환하게 웃고 있었다. 그해 3월 우리 곁을 떠난 진후가 남긴 말은 "아버지, 나 때문에 슬퍼하지 마시고 집 없고 어려운 사람들을 위해 사랑의 집을 지어주세요"였다.

우리는 살아가면서 기쁜 일도, 슬픈 일도 겪게 된다. 아무리 어렵고 힘들어도 해야만 하는 것이 있고, 생각지도 못한 축복이 찾아오기도 한다. 그래도 모든 일에 감사하고 사랑을 나누며 고난과 좌절 속에서 삶의 뜻을 알아가야 한다. 그것이 인생이다.

국제 해비타트 이사회는 내 아들의 소식을 듣고 애도의 뜻을 표해 왔다. 특별 모금으로 아산 '화합의 마을'에 진후(Harvey Chung) 기념주택을 짓고 헌정비를 세웠다. 카터 부부와 함께 간단한 제막식도 열었다.

2001년 JCWP을 하면서 겪어야 했던 일은 너무나 많다. 그해 가을 준공식 후 정산을 해야 하는데 모금액이 1,500만 원 부족했다. 적자 결산으로 끝맺음을 해야 할 상황이었다. 걱정하고 있을 때 정진경 목사로부터 연락이 왔다. "정 장로에게 올해의 선교 대상을 주기로 했습니다. 축하드립니다." 아내에게는 부상이 주어졌다. 아내는 그 받은 부상을 전부 해비타트에 헌금했다. 놀랍게도 그 부상금이 1,500만 원이었다.

해비타트가 시행한 2001년도 JCWP 사업으로 한국 6개 마을에 '사랑의 집' 136채를 지었다. 입주가정·자원봉사자·후원자의 행복을 빈다.

지미 카터와 함께 해비타트 운동
전국 순회

　　2001년 JCWP 사업은 여러 가지 아름다운 이
야기를 만들었다. 주 사업지인 충남 아산은 아산 장씨의 본향으
로 세종대왕의 명을 받아 국민을 위해 과학기술을 연구, 개발한
장영실의 묘와 기념관이 있는 곳이다. 장영실은 천민으로 태어
났지만 태종에게 발탁되고 세종에게 크게 쓰임 받아 15세기 우
리나라를 세계 최고의 과학기술국으로 발전시켰다. 천문을 읽
어 절기와 시간을 일반 백성에게 알려 생활을 윤택하게 하였고
측우기, 혼천의, 양부일구 등 귀한 과학기술 발명품을 만들어
조선조의 과학 르네상스를 이룬 과학 선현이다. 또한 인쇄술과
아악의 정비를 통해 문화 발전에도 기여하였으며 종삼품의 고
위직까지 오른 분이다.

장관 재직시 'IR52 장영실상'을 만들어 우리나라 기업의 산업기술 발전을 촉진시키고자 한 나는 호서대학교의 소재지와 건학 정신을 생각하며 장영실기념사업회 회장직을 맡았다. 지금도 명예회장으로 젊은이들에게 과학 선현인 장영실을 알리고 세종대왕의 훌륭한 치적에는 과학기술이 있었음을 알게 하는 것은 과학기술이 바로 경제요, 국력임을 우리 모두가 알아야 한다는 신념이 있기 때문이다.

나는 카터 대통령에게 이러한 아산의 배경을 알려주었다. 그는 미국해군사관학교에서 과학기술교육을 받고 임관 후 미국 원자력 잠수함을 개발한 릭코버(Rickover) 제독 밑에서 근무한 경험으로 과학기술의 중요성을 누구보다도 잘 알고 있었고, 우리나라의 세종대왕과 장영실의 과학기술 업적이 얼마나 대단한 것인지도 잘 알고 있었다.

대한항공이 제공한 헬기를 타고 해비타트 현장 여섯 곳(아산, 군산, 진주, 경산, 태백, 파주)을 방문하면서 우리는 많은 대화를 나누었다. 재미있는 것은 내가 한국의 전임 과학기술처 장관이었다는 것에는 대수롭지 않게 여겼던 카터는 내가 미국한림원 회원이라는 소리에 깜짝 놀랐다. 그 다음부터는 더욱 정중히 대해 주었고 우리가 제시하고 요구한 모든 일정을 흔쾌히 따라 주었다. 링컨 대통령이 설립한 백악관에서 매우 가까운 곳에 자리 잡고 있는 미국과학기술한림원의 권위는 미국 행정부와 입법부에서도 공히 인정하고 있다.

한림원의 원조라고 할 수 있는 영국 왕립학회(The Royal Society)가 버킹엄(Buckingham)궁전과 얼마 떨어지지 않은 같은 대로상에 위치한 것이나 스웨덴 국왕이 직접 후원자(Patron)로 나서는 스웨덴한림원의 모습을 보면서 우리나라도 과학기술로 세계를 리드하려면 더욱 권위(Dignity) 있는 한국과학기술한림원으로 발전시켜야 된다는 것을 다시 한 번 확신할 수 있었다.

나는 국제 해비타트의 이사직도 수행하면서 인도, 남아공, 필리핀 등 여러 나라에서 우리 청년들과 함께 땀 흘리며 봉사할 수 있었다. 이것은 나에게 너무나도 보람되고 소중한 추억이다.

카터 대통령의 자택도 방문한 적이 있는데, 소박한 집이었다. 자택의 지하실도 보여주었는데, 작은 목공소 같았다. 그는 이곳에서 직접 가구를 만들어 일 년에 한 번씩 경매를 한다고 했다. 그 경매 수익금 전액은 어려운 이웃들을 위한 헌금으로 쓰여진다는 말에 깊은 감명을 받았다.

진정한 지도자는 힘들어하는 이웃을 위해 땀과 재능을 바칠 수 있어야 한다. 준비 안 된 상황에서 당선된 지미 카터는 대통령으로서는 실패했다는 평가도 받지만, 지금은 미국 전임 대통령 중 전 세계인들로부터 가장 존경받는 분이 되었다. 최근 어려운 병을 이겨 내고 지금도 봉사활동에 참여하고 있다.

우리는 그에게서 국민과 함께하고 국민에게 봉사하는 지도자의 참모습을 볼 수 있다. '사랑과 봉사'는 모든 공직자와 지도자가 항상 명심하고 따라야 하는 좌우명일 것이다.

2001년 8월 충남 아산, 해비타트 '화합의 마을' 건축 현장에서 자원봉사를 하고 있는 지미 카터 전 미국 대통령

21세기 시작하며 한국과학기술한림원 원장, 명지대 총장직 함께 수행

호서대학교 총장직을 마감하기 직전 내게 새로운 제의가 들어왔다. 유상근 장로(전 통일원 장관)가 설립한 명지대학교로부터 총장직을 제의받은 것이다. 유상근 장로는 한국 기독교계의 평신도 지도자로서 명지대학교를 기독교 대학으로 발전시킨 분이다. 내가 서울대학교 행정대학원 주간부 1회 학생일 때 유상근 장로님은 야간부 1회 학생으로 수학한 인연이 있었다.

내무부 총무과장으로 바쁜 와중에도 열심히 주경야독을 하신 그분은 행정대학원 학생들의 진정한 리더였다. 야간부 학생 대표였던 유 장로는 주간부 학생 대표인 나를 가끔 불러 이야기도 나누고 식사도 사주시고는 하였다. 통일원 장관직을 마치고 명지대학교 이사장이자 학장·총장을 역임하며 학교를 발전시킨 유 장로님은 최태섭 장로(한국유리 회장), 김인득 장로(벽산그룹 회장)와 함께 한국 기독교 평신도계를 이끄신 어른이었다.

나는 호서대학교에서 봉사를 마치고 한국과학기술한림원의 제4대 원장으로 선출되어 취임 준비를 하고 있었다. 유상근 장로의 장남 유영구 명지대 이사장이 나를 찾았다. 유 이사장은 선친 유상근 장로님이 돌아가실 때 부탁하신 일이 있다고 말하며 꼭 들어 달라고 했다. 한국과학기술한림원 원장직은 비상근직이니 명지대학교 총장직을 맡아 달라는 것이었다. 유상근 장로님께서 중환으로 병상에 계실 때 명지대학교 총장으로 정 박사를 데려오라는 유지를 주셨다고 했다. 이에 꼭 명지대학교 총장직을 맡아 달라고 부탁했다.

서울 서대문구에 소재한 명지대학교는 기독교 대학으로 이미 위상을 이루었고, 명지대 교수들은 교내뿐만 아니라 언론을 통해서도 많은 외부활동을 하고 있었다. 서울 본교보다 더욱 큰 규모의 용인캠퍼스는 이공계 계통으로 발전하고 있었다. 기독교 명문대학을 만들고 싶어 하셨던 유상근 장로님의 유지를 누구보다도 잘 알고 있던 나는 그 제안을 흔쾌히 수락하였다.

명지대학교의 신입생들과 교양학부 학생들에게 철저한 삶의 철학을 가르쳐야겠다고 생각했다. 교양학부는 전공학부보다도 더 철저한 교육을 시켜야 한다고 믿었고, 그를 실천하자고 마음먹었다. 그래서 첫 번째 사업으로 교양학부를 설립자 유상근 장로의 호를 따서 방목(邦牧)대학으로 개편, 강화하였다. 교양 교육을 넘어서서 대학 교육의 진수를 가르쳐 명지대학의 교육 철학을 주지시키겠다는 뜻이었다. 유상근 장로는 경제적으로 불우한 학생을 많이 도왔다. 그뿐만 아니라 총장실에서 학생들에게 성경 공부를 시켜 주는 등 참교육을 몸소 실천하였다.

나는 총장 취임사에서 대학교육의 대중화를 강조하였고 대학은 평생교육의 장이 되어야 한다고 제언하였다. 다가오는 세대는 급속한 문명발전이 이루어질 것이며 이를 따라갈 수 있는 고등교육의 개혁이 이루어져야 하고, 계속교육(Continuing Education)이 정규학위 교육보다 더욱 중요시될 것이니 대학이 평생교육장이 되어야 하며 사회지도자들은 평생교육에 함께해야 한다고 역설하였다.

유영구 이사장은 이런 나의 뜻을 받아들여 적극적으로 후원하였다. 그래서 발족된 것이 씨램프(Christian Leaders Advanced

Management Program, C-LAMP)라는 크리스천 최고경영자 과정이었다. 씨램프는 크게 환영받았다. 이미 각계에서 두각을 나타내고 있는 지도자들이 이 과정에 등록하고 열심히 수강했다. 나는 1회 씨램프 졸업식을 하면서 스스로 2회 학생으로 등록하였다. 총장이자 학생이 된 것이다.

총장은 임기가 끝나면 학교를 떠나지만 졸업생은 끝까지 모교의 가족이 되니 내 스스로 씨램프에 수강하여 명지 가족이 되겠다는 뜻이었다. 나의 씨램프 수료증은 내가 나에게 수여한 수료증이었다. 나는 지금도 씨램프 모임에 동창생으로 참석하면서 씨램프 졸업생들과의 교류를 이어가고 있다.

교육은 지식 전수 역할을 넘어서서 스승과 학생, 학생과 학생 간의 만남을 통해 이루어지는 인격 함양이 중심이 되어야 한다는 교육철학을 모든 학부모와 학생들에게 강조하고 싶다. 내 스스로 그를 실천하는 것이다.

21세기를 시작하며 한림원 원장과 명지대 총장직을 함께 수행한 이 기간은 나에게는 미래를 향한 꿈과 비전을 깊이 생각할 기회의 시기였다.

김영훈 대성그룹 회장, 아시아인 두 번째
세계에너지협의회 회장 선임

2003~07년은 과학자와 교육자로서 보람을 만끽한 시기였다. 호서대학교 총장과 명지대학교 총장으로 각각 일했으며 한국과학기술한림원 원장도 맡았다. 무주택자를 위한 '사랑의 집짓기' 사업인 한국해비타트 운동도 계속했다.

그러던 중, 2008년 초에 미국 워싱턴 근교의 조지메이슨대학교 특임교수를 맡아 떠났다가 그해 여름 일시 귀국하여 2013 세계에너지총회(World Energy Congress) 유치 명예위원장을 맡게 되었다. 김쌍수 당시 한국전력 사장이 유치위원장으로 뛰었다. 그해 11월 멕시코시티에서 열린 세계에너지협의회(World Energy Council) 집행위원회에서 한국은 덴마크·남아프리카공화국을 누르고 유치에 성공했다. 김영훈 대성그룹 회장은 이미

2005년부터 WEC 부회장으로 활동하며 세계에너지총회 유치를 위해 중요한 역할을 맡고 있었다.

세계에너지협의회(World Energy Council: WEC)는 세계 에너지 산업계의 최대 민간기구로서 그 규모나 역사에서 단연코 가장 중요한 에너지 기구였다. 20세기 초에 세계 동력회의(World Power Conference)로 발족된 WEC는 매 3년마다 세계에너지총회를 개최하면서 국제 에너지 기구 역할을 수행하고 있었다. 영국 런던에 본부를 두고 있는 WEC의 실무는 사무총장이 수행하고 3년 임기로 회장, 부회장단으로 구성된 회장단은 매년 집행위원회를 열어 에너지계의 민간협력 사항을 건의하여 에너지 분야 정부 정책과 국제협력에 큰 역할을 하고 있다.

나는 한국전력기술주식회사 사장으로 일할 때 WEC 활동을 수행하였으며, 유럽을 중심으로 발전하여 왔던 WEC 집행부는 아시아권의 산업계 인사의 활동을 환영하여 나를 부회장으로 선임하였다. 그 당시 WEC 사무총장 빌 러틀리는 영국인으로 폭넓은 활동을 하였고 그 후임 제럴드 듀셋 사무총장은 캐나다 출신으로 캐나다형 중수로(CANDU형) 원자력발전소를 4기나 건설한 한국에 큰 호감을 갖고 있었다. 나는 한국전력기술 사장

임기를 중임으로 끝마치고 과학기술재단 이사장과 과학기술처 장관 업무에 집중하고자 WEC에서 명예부회장으로 은퇴하였다. 그 후 한국 또는 아시아 에너지 산업계 인사가 WEC 임원으로 활동하지 않자 듀셋 사무총장은 한국인 부회장을 천거해달라고 부탁하였다.

우리나라 에너지 산업은 한전, 한수원 등 전력업계, 한국가스공사 중심의 가스업계 및 한국석유공사와 한국석탄공사 등 공기업들이 주축이 되어 있고 사기업 활동은 극히 제한되어 왔다. 공기업은 정부 정책에 따라 운영되어 왔고 임원의 임기는 2년 또는 3년이기 때문에 빈번한 인사 이동으로 인해 세계 무대에서 존재감을 갖기가 힘들었다. 이러한 사정은 다른 아시아 국가들도 마찬가지였다. 이 때문에 내가 세계에너지협의회 부회장을 그만둔 후에 세계에너지협의회 의장단에는 아시아 계통의 임원을 찾기가 어려워서 태평양 연안 지역의 경제 발전에 비하면 에너지 산업계에서 아시아인의 국제 활동은 미미했던 것이다.

듀셋 사무총장의 요청을 받고 내 경험을 비추어 WEC 의장단에서 오랫동안 활동할 수 있는 국내 에너지 사기업 임원을 추천하기로 하였다. 마침 에너지 사업으로 탄탄한 기반을 오랫동안 구축해 온 고 김수근 회장의 3남 김영훈 대성그룹 회장이 미국 미시간대학교와 하버드대학 대학원에서 수학했을 뿐 아니라 미국 우수 대형 은행에서 경험을 쌓은 후 귀국하여 김수근 회장의 신임을 받으며 대성그룹의 기획조정실장을 거쳐 회장직을 성공적으로 수행하고 있었다. 나는 김영훈 회장이 한국을 대표하는 에너지 지도자로서 국제활동을 전개할 수 있음을 확신하였다.

어학에도 능통하고 학구적인 김영훈 회장은 국제 무대에서 훌륭한 활동을 할 수 있는 경험을 쌓았고 민간 기업의 수장으로 공기업 대표들이 갖고 있는 임기의 제한이나 정부 정책을 따라야 하는 한계성에서 자유로웠다. 김영훈 회장의 부회장 선임은 WEC로서는 아시아권의 부상을 이끄는 사안이 되었다.

김영훈 회장의 조예 깊은 기조 강연이나 임원으로서의 활동은 WEC로서는 기대 이상이었다. 결과적으로 김 회장의 열성과 지도력 덕분에 2013 WEC 총회는 훌륭하게 진행되었다.

김영훈 대성그룹 회장은 이후 WEC 공동회장을 거쳐 2016년 이스탄불 WEC 총회에서 아시아인으로서는 두 번째로 세계에너지협의회 회장에 취임, 3년간 재직했다. WEC는 민간 에너지 기구로서는 가장 규모와 영향력이 커서 재임기간 김 회장의 역할도 상당히 중요했다. 바쁜 기업 활동에도 불구하고 세계에너지협의회 회장직을 성공적으로 수행한 김 회장은 선친 김수근 창업회장의 원대한 소망을 아름답게 이룬 것이다. 신실한 기독교인인 김영훈 회장은 겸손히 세계 에너지 업계를 이끌고 회장 임기를 성공적으로 마쳤다.

세계에너지협의회(WEC) 회장으로 제24회 아부다비 WEC 총회에서 개막 연설을 하는 대성그룹 김영훈 회장, 2019년

이러한 김영훈 회장의 업적을 기리고자 카이스트는 2020년 8월, 김 회장에게 명예박사 학위를 수여하였다. COVID19 사태로 말미암아 한국 에너지 산업계가 김 회장의 노고를 충분히 감사하지 못한 것이 아쉬웠지만 김 회장의 노력과 업적을 누구보다도 잘 아는 나는 가장 고맙고 기쁜 일이라 감사하고 있다.

UAE 원전 수주 계약 소식 전해진 순간, 한전 지하 상황실에서 환호의 눈물

2008년 미국 워싱턴 근교의 조지메이슨대학교 특임교수로 간 지 얼마 되지 않은 때였다. 연구실로 존 그레이엄 미 국무부 원자력·군축담당 대사와 어니 케네디 등 한국 표준 원자력발전소 설계를 도왔던 전직 컴버스천엔지니어링(CE) 엔지니어들이 찾아왔다. 발전기술 업체인 CE는 자체 원자력 발전인 시스템80과 시스템80+의 원천기술을 한국에 이전해 표준 원전 설계를 도왔다. CE 엔지니어들은 한국 원전 사업의 성공을 자신들의 보람으로 여길 정도로 친한파가 됐다. CE는 1990년 스위스 기업을 거쳐 2000년 화석연료 부문은 프랑스 알스톰으로, 원전 부문은 웨스팅하우스로 각각 분할, 이관되었다. 일부 엔지니어는 세계 각국의 정부·기업에서 에너지와 관련한 중책을 맡았다.

　워싱턴 연구실을 찾은 이들은 내게 정보를 전하고 협조를 구했다. 이들이 전한 정보는 중동 산유국인 아랍에미리트(UAE)가 자원 고갈에 대비해 원자력발전소를 짓기로 했다는 내용이었다. 이들은 내게 원자력발전소 경제·기술 타당성 조사의 자문위원을 맡아달라고 요청했다. 이 이야기를 듣는 순간 한국 원자력발전의 우수성과 풍부한 건설·운용 경험을 누구보다 잘 아는 나는 이것이 수출 기회임을 직감했다. 나는 이해 상충을 피하기 위해 자문위원을 고사하고 우리나라의 원전 수출을 돕기로 했다.

　나는 곧바로 김쌍수 한국전력 사장에게 UAE 원전 사업을 보고하고 북한에 핵 포기 대가로 지어주기로 했던 경수로의 건설 중단으로 돌아온 엔지니어들에게 이를 맡기면 성공할 것이라고 말했다.

　귀국 뒤 UAE가 원전 사업(바라카 원전 4기)을 발표하자 한국전력·한국수력원자력·한국전력기술에서 파견된 엔지니어들은 지하 상황실을 설치하고 입찰을 준비했으며 나는 고문직을 맡았다. 대한민국 과학기술자들이 지난 50년간 닦은 원자력 기술력을 믿고 뛰어든 도전이었다.

2008년 말 나온 400쪽 분량의 타당성 보고서는 100개가 넘는 까다로운 조건을 내걸었다. 국제 경쟁입찰에 응찰한 한국·미국·일본·프랑스·러시아의 9개 팀 중 한국의 한전, 프랑스의

아랍에미리트(UAE)에 한국 원전을 수출하는 과정에서
친분을 쌓은 UAE 아부다비의 칼둔 알무바라크
행정청장과 함께한 정근모 박사

아레바, 미국과 일본의 GE·히타치 연합팀이 예선을 통과했다. GE·히타치팀은 평가가 낮은 비등형 경수로(BWR)를 들고 나왔고, 한국 표준 원전과 같은 가압경수로(PWR) 공급자인 미국 웨스팅하우스는 탈락했다. 모든 조건을 충족할 수 있는 팀은 기술과 경험을 동시에 갖춘 한전팀뿐이었다. 결전의 날이 다가왔다.

아랍에미리트(UAE) 원전 수주전에서 한국의 한전, 미국·일본의 GE·히타치 컨소시엄과 함께 프랑스의 국영기업 아레바(AREVA)가 예선을 통과하자 당시 니콜라 사르코지 프랑스 대통령은 수주라도 한 듯 치적으로 내세웠다. 그는 한국의 원전 기술력과 경쟁력을 잘 몰랐으며 그 대가는 컸다.

예선 결과 발표 뒤 UAE 행정청의 데이비드 스콧 에너지 국장이 자주 나를 찾아와 현안을 협의했다. 실세인 무함마드 빈 자이드알나흐얀 왕세제의 신임을 받은 스콧은 백악관에서도 근무했던 미국인이다. 그는 한국 엔지니어들의 국제사업 경험 부족과 UAE의 엔지니어 가뭄을 날카롭게 지적했다. 그때 UAE의 원자력 전공자는 미국 퍼듀대학교 석사인 하마드 알리 알카비 현 국제원자력기구(IAEA) 대사가 유일했다.

나는 고리원자력교육원에 2년 과정의 '한국전력국제원자력대학원대학교(KINGS)'를 세워 한국·UAE는 물론 원전을 원하는 모든 나라의 엔지니어를 교육하는 해결책을 제시했다. 2012년 3월 개교한 KINGS는 매년 60명의 국내외 원자력 전공 석사를 배출하고 있다.

또 다른 문제는 한국 표준 원전의 설계 안전성에 대한 국제인증이었다. 프랑스가 한국 원전의 안전성을 헐뜯고 다닌다는 정보가 들어오자 한국은 UAE에 미국 원자력규제위원회(NRC)에서 설계안전인증서(DC)를 받겠다는 과감한 약속을 했다. DC 획득은 일본·프랑스 모두가 포기했을 정도로 난제다. UAE는 한국의 약속을 받고 안전 의구심을 지웠다. 심사는 까다로웠고 길었다. 계약은 물론 UAE 원전 1호기 공사가 거의 마무리된 2018년 9월 28일에야 NRC는 한전·한수원에 DC 심사 통과를 알려왔다. 미국이 안전성을 확인함으로써 후발국 한국은 세계가 인정하는 원전 강국으로 올라섰다. 원자력 실력은 하루아침에 이뤄지지 않았다. 과학기술자들의 땀과 의지의 결과다.

한국의 수주 가능성이 커지자 다급해진 프랑스 대통령 사르코지는 2009년 5월 UAE로 날아가 군사기지 제공 등 당근

책을 내놨다. 한국 정부도 고위급 인사가 찾아가고 홍보에 나서면서 정치적으로 활용하려고 애썼다.

2009년 12월 27일 수주계약 소식이 전해진 순간, 그동안 애썼던 엔지니어들은 한전 지하 상황실에서 환호의 눈물을 흘렸다. 평생 잊을 수 없는 장면이다. 2000명이 넘는 한국의 원전 엔지니어는 2만 명 이상의 외국인을 지휘해 '제시간에, 예산 범위 안에서, 완벽한 품질로' 바라카 원전 1호기를 완공했다. 전 세계 원전 건설에서 드문 '퍼펙트게임'이다. 대한민국이 21세기 초일류 국가가 될 수 있다는 확신을 준 업적이다.

아랍에미리트(UAE) 원전 수주 소식이 전해진 2009년 12월 27일, 한국전력 지하 상황실에서 엔지니어들과 관계자들이 환호하는 모습

아랍에미리트(UAE) 바라카 원전 건설 현장을 방문한 정근모 박사와 한국 엔지니어들

1호기 준공식은 2018년 3월 26일 문재인 대통령이 참석한 가운데 열렸고, 이제 2·3·4호기의 연속 완성만 남았다. 정치인들은 이를 보며 밝은 미래 비전을 국민에게 전하기 바란다. 우리에게 필요한 것은 막연한 불안이 아닌 긍정적인 도전정신이지 않은가.

대한민국 1호
미국한림원 회원이 되다

1998년 나는 대한민국 국민으로는 처음 미국의 전미과학공학의학한림원(National Academies of Sciences, Engineering, and Medicine: NASEM) 회원이 됐다. 에이브러햄 링컨 대통령이 1863년 세운 전미과학한림원(NAS)에 2015년 공학한림원(NAE)·의학한림원(NAM)이 결합한 최고 과학기술인 조직이다. 나는 공학한림원 전력·에너지시스템 분과 소속이다. 입회 규정이 까다로워 분과별 심사를 거쳐 전체 회원 투표에서 유효 투표수의 85% 이상을 얻어야 한다. 워싱턴에서 열린 입회식에 부부 동반으로 참석했는데 윌리엄 울프 전미공학한림원장(재임 1996~2007년)의 개회 연설을 듣고 놀랐다.

"오늘 대한민국 회원 1호가 탄생하면서 이 건물에 태극기를

스웨덴공학한림원 회원이 될 당시 카를 16세 구스타브 국왕 부부와 함께한 정근모 박사

처음 게양했습니다."

　아내와 나는 가슴이 뭉클했다. 한국계 회원은 이미 있었지만, 대한민국 국민으로서는 내가 처음이라는 영광을 안았다. 한국인 과학기술자로 일한 보람이다. 그후 해비타트 운동으로 만난 지미 카터 전 미국 대통령은 내가 미국한림원 회원임을 알자 더욱 정중하게 대했다. 이미 1990년 스웨덴공학한림원(IVA) 회원이 될 때도 카를 16세 구스타브 국왕 부부가 극진하게 대접해

놀랐었다. 서구권은 과학기술로 일어선 문명답게 과학기술자를 그만큼 존중한다. 한국도 이제 그런 선진국에 다가섰다.

우리 세대는 6·25전쟁을 겪으며 피난지의 천막 교실에서 배웠고 변변한 교과서나 실험기구도 없이 학교에 다녔다. 그래도

대한민국 국민 최초로 전미과학공학의학한림원(NASEM) 회원이 되어 한림원에 첫 게양된 태극기 앞에 선 정근모 박사

결코 꿈을 잃지 않았다. 조국 재건의 희망 속에 공부했고, 산업을 일궈 모든 국민이 잘살 수 있도록 국내외에서 땀을 흘렸다. 그 결과 한반도를 넘어 아시아와 세계로 뻗어 나가고 있다. 우리 세대보다 훨씬 뛰어난 현재 한반도의 청년 세대는 장차 여기서 더욱 나아가 희망과 사랑을 주는 21세기 초일류국가 대한민국 시대를 열고 전 세계를 이끌 것으로 믿는다.

이를 위해 다음 여덟 가지를 제안한다.

첫째, 도산 안창호 선생의 가르침대로 꿈속에서도 정직한 도덕 사회를 이루자.

둘째, 지식 전수를 넘어 서로 협업하고 인정하며 함께하도록 인격 함양 교육을 하자.

셋째, 과학기술에 계속 도전하고 개척해 무한 가치 창출의 과학기술 경제를 건설하자.

넷째, 지구촌 환경오염을 최소화하며 전력을 공급하는 산전국(産電國)이 되자.

다섯째, 핵무기 같은 대량 파괴 무기를 근절하고 국민이 공포에서 벗어나도록 6자회담을 확대한 지역 안보기구인 아시아·

태평양 조약기구(PATO)를 창설하자.

여섯째, 모든 국민이 노후에도 편히 지내도록 사회안전망을 강화하고 능력 있는 시민들은 나눔과 봉사의 이타 정신을 발휘하자.

일곱째, 한류를 확대·확산해 대한민국을 희망의 브랜드와 메시지로 전 세계에 알리자.

여덟째, 지도자들은 사랑과 봉사의 일꾼이 되고, 대한민국은 국제사회의 헌신적인 친구가 되자.

모든 세대가 힘을 모아 이렇게 한다면 대한민국이 깨어나고 일어나 '21세기 초일류국가'로 우뚝 설 수 있다고 확신한다. 이는 평생 과학기술자로 살아온 나의 꿈이다.

기적을 만든 나라의 과학자

1판 1쇄 2020년 12월 24일 발행

지은이 · 정근모
펴낸이 · 김정주
펴낸곳 · ㈜대성 Korea.com
본부장 · 김은경
기획편집 · 이향숙, 김현경
디자인 · 문 용
영업마케팅 · 조남웅
경영지원 · 공유정, 마희숙

등록 · 제300-2003-82호
주소 · 서울시 용산구 후암로 57길 57 (동자동) ㈜대성
대표전화 · (02) 6959-3140 | 팩스 · (02) 6959-3144
홈페이지 · www.daesungbook.com | 전자우편 · daesungbooks@korea.com

ISBN 979-11-90488-17-4 (03500)
이 책의 가격은 뒤표지에 있습니다.

Korea.com은 ㈜대성에서 펴내는 종합출판브랜드입니다.
잘못 만들어진 책은 구입하신 곳에서 바꾸어 드립니다.

이 도서의 국립중앙도서관 출판시도서목록(CIP)은 e-CIP홈페이지(http://www.nl.go.kr/ecip)와 국가자료공동목록시스템(http://www.nl.go.kr/kolisnet)에서 이용하실 수 있습니다.(CIP제어번호: CIP2020050680)